자유부엌
01

주현진
안주희
이지원
지음

그저 그런 날에,
특별한 식탁

b.read

일러두기

· 재료는 모두 2인분을 기준으로 했습니다. 특별한 경우 따로 표기했습니다.

· 식재료 중 브랜드가 중요한 제품은 밝혀 적었습니다.

· 이 책은 주현진, 안주희, 이지원 세 명의 레시피를 담았습니다. 요리 설명 끝에
  주현진 **J**, 안주희 **A**, 이지원 **L**의 이니셜로 표기했습니다.

Contents

Breakfast
아침

Brunch
브런치

Contents

Snack
간식

**Tea &
Beverage**

Intro

보통 요리 스튜디오의 스태프들은 제자 겸 어시스턴트 역할을 하다가 일을 배워 독립합니다. 지난해 초 스태프들과 '메이스테이블'의 비전에 대해 이야기를 나눌 기회가 있었는데, 독립하기보다 메이스테이블에 남아 함께 성장하기를 바라더라고요. 고마운 마음이 드는 한편, 갑자기 어깨가 무거워졌어요(웃음). 선배로서, 회사 대표로서 무엇을 해야 할까 고민하고 서로 의논하며 요리 웹진 <메이스매거진>과 식재료 마켓 '메이스꾸러미'를 시작했습니다. 우리는 모두 요리를 좋아해서 이 일을 시작한 사람들이고, 역량을 키우려면 재료를 알고 요리와 스타일링을 더욱 잘해야 한다, 본질에 충실하자는 생각이 같았어요.

'테스트키친'을 거친 전문가의 레시피
<메이스매거진>에는 계절감과 주현진, 안주희, 이지원의 개성을 담고자 했습니다. 계절 재료 중 누구나 접하는 흔한 재료와 생소한 재료를 함께 소개하는 한편, 각자 메뉴를 제안하고 회의를 거쳐 선택한 후 '테스트키친'으로 레시피를 확정했어요.

2017년 4월 <메이스매거진>에 첫 포스팅을 하고 2년이 가까워오는데요,
예상외로 무척 다이내믹했어요. 고요히 저의 작업을 도와주던 세 사람의 묵묵함
뒤에 엄청난 요리 창작욕이 숨어 있었지요. 저 혼자 아이디어를 낼 때보다 요리의
폭이 넓어졌고, 트렌드를 그대로 흡수한 재미있는 레시피가 쏟아졌어요.
메뉴 제안부터 요리, 스타일링까지 각자의 책임하에 진행하니 세 사람의 개성이
고스란히 드러나는 점도 흥미로웠고요.
주현진은 근사한 저녁 메뉴의 고수이고, 안주희는 보석 같은 클래식 메뉴를
재발견하는 탐구적 면모가 돋보이며, 이지원의 메뉴에는 재기 발랄한 아이디어가
가득해요. 메이스테이블 스튜디오는 '피드에 올라오는' 요리는 기본이고,
TV 방송에 스쳐 지나간 거리 풍경에서도 메뉴를 떠올릴 뿐 아니라 여행을
다녀온 후에는 어느 레스토랑, 어느 백화점 푸드코트에서 맛본 메뉴 이야기를
하며 뭘 넣으면 될 것 같다는 등 레시피에 대한 논의로 늘 들뜨곤 해요.

유행하는 메뉴는 다 있다
세 사람의 열정만큼 팔로어의 반응도 좋았습니다. 방송 프로그램, 영화, 어느
유명한 카페 등 요즘 유행하는 메뉴의 레시피를 알려주니 요리에 흥미가
없던 사람도 해보고 싶은 생각이 들었다고 해요. 그런 말을 들을 때마다 참
뿌듯했어요. 이 책은 가장 반응이 좋았던 88가지 레시피를 골라 묶었습니다.
든든한 한 끼가 되는 음식뿐 아니라 간식, 음료 등 우리가 하루 종일 먹는 모든
카테고리의 메뉴로 구성했고, 못다 한 요리 에피소드와 댓글에 달렸던 질문의
답을 더했습니다.

요즘은 음식이 라이프스타일이지요. '요섹남', 요리하는 남자가 섹시하다는
세상이에요. 요리 일을 하는 사람으로서 이런 무드가 반갑습니다. 요리를
하면 멋지기도 하지만, 기쁘기도 해요. 여러분도 요리를 하며 일상의 기쁨을
맛보시기를 기원합니다. 누구나 따라 할 수 있는 쉽고 맛있는 레시피를 만들어야
한다고 주장하며, 이를 열정과 즐거움으로 이뤄낸 세 사람에게 감사와 축하를
보냅니다.

메이

머리가 복잡할 땐 요리를 해요

쇠고기에 토마토를 넣고 저어가며 라구 소스를 만들고
있으면 어느새 무념무상의 상태가 되어 머리가
가벼워집니다. 집 안에 가득 퍼지는 뭉근한 소스
냄새를 맡으면 왠지 행복해져요.
저는 메이스테이블 수강생에서 스태프가 되었어요.
심지어 전공은 수학이에요. 워낙 새로운 것을
좋아해서 슈퍼마켓의 '신상' 재료를 꼭 써보는데,
당시에는 새로운 것을 배우는 데 열중했죠. 메이스테이블 클래스를 다닌 지 6개월
정도 되었을 때 스태프 모집 공고를 보고 지원했어요. 메이 선생님이 '모험'이라고
생각하며 뽑은 직원이 저예요(웃음). 당시 나이도 적지 않았고, 요리 전문가도
아니었으니까요. 입사 후 첫 촬영이 크리스마스를 위한 브라우니였는데, 아직도
그날의 긴장감이 생생해요.
요리는 할수록 쉬워져요. 남편이 서양식에 익숙해서 서양 요리를 자주 만들어요.
서양식은 한식보다 요리 과정이 간단하면서 폼도 나고, 먹는 사람들도 새로운 음식을
흥미로워해요. 노력 대비 결과가 좋죠. 책에 소개한 로스트비프, 포토푀가 바로 그런
메뉴예요. 따뜻하고 부드럽고 달콤한 음식과 편안하고 보기 좋은 스타일링이 좋아요.
메이 선생님과 다도를 하며 배운 '상대를 배려하는 마음'을 요리와 스타일링에
담으려고 합니다. -주현진

음식에 담긴 지혜를 배워요

요리 일을 하는 많은 이가 자신이 만든 음식을 남들이 맛있게
먹어줄 때 행복하다고 해요. 그런 점도 있지만 무엇보다
요리를 하면서 느끼는 기쁨은 뭔가 한 가지를 완성한다는
데 있어요. 장을 보고, 재료를 손질하고, 이런저런 과정을
거쳐 그릇에 담았을 때의 기분은 마치 하나의 작품을 끝낸
예술가의 마음과 비슷하다고 생각해요. 저는 새로운 레시피를
찾아내는 게 즐거워요. 미니 소시지를 식빵 속에 넣은
'피그인더블랭킷'이나 작아서 목으로 미끄러진다는 의미로

이름 붙인 미니 햄버거 '슬라이더' 등은 미국에서 찾은 메뉴예요. 애플사이다와
에그노그는 서양의 전통 음료인데, 책을 보다가 알게 되었어요. 애플사이다는 사과의
모든 것을 뽑아 마시는 듯한 따뜻한 음료, 일명 '사과 곰국'인데 으슬으슬 추울 때
마시면 몸이 따뜻해져요. 에그노그는 달걀을 넣은 크리스마스 음료인데, 음료에
달걀을 넣다니요! 저 혼자 고민해서는 절대 나올 수 없는 레시피예요.
레시피를 탐험하다 보면 음식에 얽힌 이야기를 알게 돼요. 광부들이 점심으로
싸온 샌드위치를 난로 위에 올려 데워 먹은 데서 유래한 '크로크무슈', 그리고 이
크로크무슈에 달걀 프라이를 얹으면 마치 여인이 모자를 쓴 듯한 모습을 닮았다고
해서 '크로크마담'이라고 불러요. 재밌죠. 음식의 유래, 만드는 과정, 부르는 이름에서
생활의 지혜와 삶의 태도를 엿볼 수 있어요. 이런 것을 하나하나 알아가는 것도
요리의 커다란 즐거움입니다. -안주희

좋아하는 일을 하는 기쁨

저는 어릴 적부터 가족이 요리할 때면 항상 옆에서
거들던 아이였어요. '장래 희망'란에 늘 푸드
스타일리스트라고 적었지요. 대학을 다닐 때 수업이
끝나면 조리실은 저의 전용 작업실이 되었어요.
같은 전공을 하는 친구들 사이에서도 요리해주는
걸 좋아하는 아이로 통했고요. 명란주먹밥,
오렌지오븐치킨, 크렘브륄레는 그 시절의 메뉴예요.
저는 요리가 참 재밌어요. 조리법에 따라, 양념에
따라 무궁무진한 변신이 가능하니까요. 요리를 하면서도, 음식을 먹으면서도
레시피 아이디어가 떠올라요. 명란주먹밥은 명란비빔밥을 만들어 먹다가 구우면
겉이 바삭해서 더 맛있겠다는 생각으로, 옥수수간장버터구이는 옥수수버터구이를
먹다가 간장이 조금 들어가면 감칠맛이 나겠다는 생각이 들어 만들어본 메뉴예요.
어떤 집에나 남아 있기 마련인 식빵에 애플 필링을 곁들이거나 냉동실 속 가래떡을
떡강정으로 맛있게 살려내면 정말 뿌듯해요.
하루 일과를 마치고 쉴 때는 인스타그램의 음식 사진을 구경해요. 먹고 보는 것
모두가 요리의 영감이 됩니다. -이지원

Shopping List
식재료와 도구

어떤 치즈, 어떤 파우더냐에 따라, 심지어 소금과 식초에 따라서도 음식
맛이 달라져요. 메이스테이블에서 즐겨 쓰는 식재료와 요리를 편하고
예쁘게 만들도록 도와주는 도구를 소개합니다.

크러시드 레드 페퍼
이름처럼 레드 페퍼를 잘게 부순 거예요.
요리에 매콤함을 더하고 싶을 때 주로
사용해요. 파스타나 피자, 바지락술찜
등을 만들 때 마지막에 조금 뿌리면
매콤한 맛이 가미되고 비주얼도
좋아져요.

하인츠 화이트 식초
특별한 경우를 제외하고 하인츠
화이트 식초를 써요. 무색·무취로 다른
맛 없이 식초의 기본 역할만 해요.

화이트 와인 비니거
와인을 발효시켜 만든 식초로,
일반 식초보다 산도가 낮고 은은한
단맛과 부드러운 신맛이 나요.
샐러드드레싱에 사용하거나
해산물 요리에 곁들이면 비린 맛을
잡아줍니다.

칠리 파우더
서양고추를 말려 간 것에 마저럼,
쿠민, 마늘 가루, 양파 가루 등 다양한
향신료를 섞은 향신 가루예요. 스튜나
카레, 시즈닝 등의 요리와 미국식 요리에
쓰면 묵직한 매운맛을 내요.

라발렌 시 솔트
소금 역시 식초를 고를 때처럼 기본
역할인 염도 외에 잡맛이 없는 제품을
애용해요. 특히 이 책에 소개하는
서양식 요리에는 깨끗한 맛의 소금이
중요해요.

아와세 미소
일본 된장인 미소는 산지별·재료별로 워낙
다양해요. 그중 아와세 미소는 가정에서 두루
사용하기에 가장 무난해요.

파르미자노 레자노 치즈
'이탈리아 치즈의 왕'으로 불리는
치즈예요. 덩어리를 갈아 다양한 요리에
활용하는데, 특히 파스타, 샐러드에
자주 써요. 요리 마지막에 뿌리면
먹음직스럽고 맛과 풍미도 좋아져요.

체더 치즈
덩어리 체더 치즈는 가루보다 신선하고 깊은 맛이 나요. 본래 연한
미색을 띠지만 요즘은 착색한 레드 체더 치즈가 흔해요. 체더 치즈는
보통 칼로 얇게 자르거나 굵게 갈아서 써요. 치즈는 여러 종류가
섞일수록 풍부한 맛을 내는데, 체더 치즈는 호불호 없이 누구나
좋아하는 맛이어서 애용해요.

이즈니 버터
프랑스 노르망디 지역에서 만드는
버터로, 프랑스에 몇 개 없다는
AOP(원산지 명칭 보호) 인증 버터예요.
진하고 풍부한 맛과 고소한 향으로
유명하죠. 요리에 쓰면 맛이 더욱
깊어지고 뒷맛이 깔끔해요.

고트 치즈
염소젖으로 만든 치즈를 말해요. 염소젖에 소젖을 섞어 만든
치즈도 있는데, 여기서 사용한 샤부(Chavoux) 치즈는 순수하게
염소젖으로만 만든 치즈예요. 특유의 향과 신맛 그리고 페타
치즈처럼 잘 부서지는 질감이 특징이에요. 가볍고 신선한 맛이
나서 허브와 섞어 스프레드로 써도 좋고, 딥을 만들어 채소를
찍어 먹거나 샐러드에 넣어도 좋아요.

캄파뉴
유럽에서 즐겨 먹는 식사용 빵이에요.
호밀과 통밀의 비율이 높아 건강한 맛과
느낌이 나요. 식빵이나 바게트 대신 한번
써보세요. 슬라이스하면 샌드위치 사이즈로
좋고, 식빵보다 모양을 예쁘게 잡아주면서
바게트처럼 질지지 않아 자주 사용해요.

딜
특유의 톡 쏘면서 상쾌한 향이 좋아
다양한 요리에 사용해요. 특히 생선이나
갑각류 요리에 쓰면 비린내를 제거하는
역할을 해요. 딜 하나로 요리의 느낌이
달라진답니다.

재스민
재스민은 보통 꽃잎을 말려 차로 마시는
것으로 알려져 있는데요, 꽃잎뿐만
아니라 잎도 활용할 수 있어요. 저희
스튜디오에서는 재스민 잎을 즐겨 써요.
요리 위에 한 잎 올리면 과하지 않으면서도
음식에 생기가 돌아요.

스완슨 치킨 브로스
치킨 스톡을 집에서 정석대로 만들려면
무척 번거로워요. 저희는 치킨 스톡 중
유기농 재료를 사용한 제품을 써요.
스완슨 치킨 브로스는 액체 타입이라
따로 풀지 않아도 되어 편리해요.

소산원 말차
녹차와 말차는 같은 차나무의 잎이지만,
말차는 새싹 때부터 검은 천을 씌워
햇빛을 보지 못하게 길러 여린 잎의
잎맥과 줄기를 제거해 가루를 내요. 진한
초록빛이라 요리에 사용하면 음식의
빛깔이 참 예뻐요. 시중의 가루 녹차는
말차가 아닌 경우가 많아요. 저희는 생산
과정을 확실하게 밝히고 있는 소산원
말차를 사용해요.

치즈 그레이터 롤러
수분 함량이 50~70% 정도인 연성 치즈나 많은
양의 치즈를 갈 때 사용해요. 체더 치즈는 반경성
치즈지만 요리를 만들 때 비교적 많은 양을
쓰기 때문에 주로 이 그레이터 롤러를 사용해요.
잣가루를 묻히는 한식 디저트를 만들 때도 이
도구를 이용해 잣을 갈면 편리하답니다.

치즈 그레이터
그레이터로 치즈를 갈아 올리면 특별한
스타일링 없이도 음식이 풍성하고
먹음직스러워 보여요. 그러나 파다노,
파르미자노 레지노 등 비교적 단단한
경성 치즈나 적은 양의 치즈를 갈 때
편리해요.

나무 강판
스테인리스 강판에 비해 입자가 굵게
갈려요. 덕분에 재료의 씹는 맛이 살아 있죠.
감자, 무 등을 갈 때 주로 사용해요. 특히
감자전을 부칠 때 이 강판에 감자를 갈면
식감이 독특해요. 또 나무 소재라 스테인리스
강판보다 영양소 손실도 적어요.

절구
깨나 굵은소금을 갈 때, 허브나 레몬을
찧을 때, 새우나 생선 살을 다질 때 등
쓰임새가 많은 절구예요. 여기에 깨를 갈면
깨 그라인더로 가는 것보다 훨씬 고소하고
진한 맛이 나요. 모히토를 만들 때도
민트나 레몬, 라임 등을 찧어 넣으면 향이
풍부해져요.

핸드믹서
머랭을 치거나 각종 크림을 만들 때 등 생각보다
쓰임이 많고 유용한 주방 도구예요. 거품기를
사용해도 되지만 핸드믹서가 있으면 요리
과정이 쉬워진답니다.

제스터
귤, 오렌지, 레몬과 같은 감귤류 과일은 과육보다
껍질의 향이 더 풍부해요. 제스터는 껍질 벗기는
도구인데, 사용이 간편하고 벗긴 껍질의 모양도 예뻐서
스타일링 효과가 있어요. 제스터를 겉껍질에 대고 밀
때 하얀 속껍질 부분까지 밀지 않도록 주의하세요.
속껍질에서는 쓴맛이 나거든요.

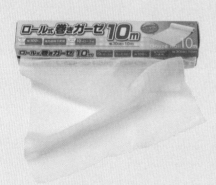

일회용 면보
주방에서 면보를 자주 쓰는데 매번 빨아야
해서 불편해요. 필요한 만큼만 잘라 쓰는
일회용 면보를 소개할게요. 코티지 치즈 또는
고추기름을 걸러낼 때 편리해요.

유산지
유산지는 오븐 요리를 할 때 팬에 깔기도 하고, 요리
위에 덮기도 해요. 이 책에 소개한 '다마고 샌드위치
만들기'에서 달걀구이를 유산지로 덮어 예쁜
노란색으로 구웠어요. 튀김이나 구이 등 기름기 있는
음식뿐 아니라 다른 요리도 접시에 담을 때 유산지를
깔고 담으면 캐주얼한 느낌을 줄 수 있어요.

For the Special Plate

저장식과 소스

'새롭다, 맛있겠다, 신기하다'고 생각되는 것은 꼭 만들어봐요.
여기에 소개하는 저장식과 소스는 그렇게 탄생했어요. 한번 만들어두면 특별한 반찬이나
디저트가 되고, 요리의 맛을 살리는 결정적 역할을 하는 레시피예요.

라구 소스

라구 소스는 다진 고기와 토마토 등을 넣고 오랜 시간 끓여 만든 소스를 총칭하는 이탈리아 소스예요. 볼로네세를 비롯해 10여 가지의 라구 소스가 있어요. 라구 소스는 라사냐 속이나 피자 스프레드에 사용해도 되고, 파스타 면을 삶아 라구 소스에 버무리면 라구 파스타가 돼요. 삶은 채소에 버무리거나 빵에 스프레드로 발라 먹어도 맛있어요. 한마디로 만능 소스지요. 저는 마음 복잡한 일이 있을 때 이 소스를 끓이곤 해요. 오랜 시간 뭉근히 끓이는 동안 집 안에 퍼지는 라구 소스 냄새가 따뜻한 위로가 된답니다.

재료
쇠고기 간 것 300g, 양파 1개, 당근 1/2개,
셀러리 10cm, 홀토마토 200g, 시판 토마토 소스 1병,
간장·우스터 소스 1큰술씩, 소금·후춧가루 약간씩,
올리브오일 적당량

만들기
1 양파와 당근, 셀러리는 잘게 다진다.
2 바닥이 두꺼운 냄비에 올리브오일을 두르고 양파를
  넣어 갈색이 돌 때까지 중약불에 볶는다.
3 당근과 셀러리를 넣고 어느 정도 익도록 볶는다.
4 쇠고기 간 것을 넣고 고기가 반 이상 익으면
  홀토마토와 토마토 소스를 넣고 약한 불에 1시간
  정도 뭉근하게 끓인다.
5 간장과 우스터 소스를 넣은 후 소금, 후춧가루로
  간한다.

TIP 라구 소스를 만들 때는 양파 볶기가 중요해요. 양파가 갈색이
    나도록 볶아야 단맛이 올라오거든요. 약 10~15분, 지루하다
    싶을 정도로 볶아야 해요.

3

4

버섯페이스트

한번 만들어두면 된장이나 고추장처럼 여기저기 쓸 수 있는 만능 페이스트예요.
생크림과 섞으면 버섯 크림 소스가, 토마토 소스에 넣으면 한층 더 깊은 맛의 토마토
소스가 완성됩니다. 냉장고에 남아 있는 각종 버섯을 활용해 만들어보세요.

재료
양송이버섯 8개, 다진 양파 1/2개, 버터 30g,
생크림 5큰술, 밀가루 1/4작은술, 소금·후춧가루 약간씩

만들기
1 양송이버섯은 밑동을 칼로 다듬은 후 물에 적신
  종이 타월로 닦고 슬라이스한다.
2 팬에 버터와 다진 양파를 넣어 볶다가 양파가
  투명해지면 양송이버섯을 넣고 중간 불에 볶는다.
3 소금, 후춧가루를 넣은 후 진한 갈색이 될 때까지
  볶는다.
4 약한 불로 줄인 후 생크림을 2~3회에 나눠
  넣어가며 볶는다.
5 밀가루를 넣고 볶아 마무리한다.
6 한 김 식힌 후 푸드 프로세서에 넣고 곱게 간다.

TIP 버섯은 다른 종류를 함께 넣어도 돼요.
    파스타 소스, 스프레드, 스테이크 소스
    등으로 활용해 보세요.

베샤멜 소스

베샤멜 소스는 루이 14세 때 급사장을 담당했던 루이 드 베샤메유 후작의 요리사가
이 소스를 만든 뒤 후작의 이름을 따서 이름지었다고 해요. 서양 요리의 기본이 되는
화이트 소스로, 이 베샤멜 소스를 기본으로 해 수십 가지 소스를 만들 수 있어요.
파스타, 그라탱, 수프는 물론이고 크로크무슈, 크로크마담에도 활용할 수 있답니다.

재료
버터·밀가루 30g씩, 우유 300ml, 소금·후춧가루 약간씩

만들기
1 밀가루는 체로 친다.
2 냄비에 버터를 넣고 약한 불에 녹인다.
3 밀가루를 넣고 덩어리가 지지 않도록 잘 저어가며
 볶는다.
4 따뜻한 우유를 2~3회에 나눠 넣고 약한 불에서
 걸쭉해질 때까지 젓는다.
5 소금과 후춧가루로 간한다.

TIP 우유는 따뜻하게 데워 넣어주세요. 온도 차가 나지
 않아야 재료가 잘 섞인답니다. 크리미한 소스를
 만들고 싶다면 소금과 후춧가루를 넣기 전 체에
 걸러주세요.

반숙달걀장

반숙달걀장을 만들어두면 반찬 없을 때 좋아요. 절임장은 각종 덮밥을 만들 때도
유용하고, 튀김을 찍어 먹어도 맛있어요. 반숙달걀장은 인기가 많은 만큼 만드는 법도
다양한데요, 이 레시피는 표고버섯과 양파로 풍미를 더한 버전이에요.

재료
달걀·꽈리고추 10개씩, 가쓰오부시 한 줌, 대파 1대,
양파 2개, 표고버섯 4개, 물 적당량, 절임장(간장 200ml,
맛술 4큰술, 청주 2큰술, 설탕 1큰술, 물 500ml)

만들기
1 양파는 링 모양으로 썰고, 표고버섯은 물에 적신
　종이 타월로 닦고 기둥을 뗀 후 2등분하고, 대파는
　2~3등분한다. 달걀은 실온에 30분 정도 꺼내둔다.
2 냄비에 달걀을 넣고, 완전히 잠길 만큼 물을 넣고
　끓이다가 물이 팔팔 끓으면 중간 불로 줄여 6분 30초
　정도 삶는다.
3 삶은 달걀은 얼음물에 담갔다가 껍질을 벗긴다.
4 양파는 식용유를 두르지 않은 팬에 겉이 노릇해질
　정도로 굽는다.
5 냄비에 절임장 재료와 표고버섯, 대파를 함께 넣어
　끓인다.
6 한소끔 끓어오르면 불을 끄고 꽈리고추, 가쓰오부시를
　넣은 후 10초간 두었다가 체에 거른다.
7 밀폐 용기에 삶은 달걀, 구운 양파, 표고버섯,
　꽈리고추를 담고 뜨거운 절임장을 붓는다.
8 ⑦을 냉장고에 하루 동안 넣어둔다.

TIP 보통 양파장아찌는 일주일 정도 맛을 들여 먹는데,
　　 달걀장은 하루 정도 두었다가 먹어요. 그래서 절임장이
　　 잘 배도록 양파를 익혀 넣어요.

연어장

보통 해산물로 장을 만든다고 하면 간장게장, 새우장을 떠올리지요. 최근 SNS에서
연어장이 유행했어요. 아마도 연어장이 간장게장에 비해 만들기가 간단하기 때문인
것 같아요. 재료 손질도 필요 없고, 중간에 간장을 다시 끓여 붓지 않아도 되요.
연어장에 아보카도, 달걀노른자를 넣고 덮밥을 만들어 먹어도 맛있어요.

재료

연어 500g(두 토막 정도), 양파 1/2개, 풋고추 2개,
양념장(간장 1컵, 물 1과1/2컵, 맛술·청주 1/4컵씩,
설탕 2큰술, 다시마 1조각, 페페론치노 3~4개,
가쓰오부시 한 줌)

만들기

1 양념장 재료 중 가쓰오부시를 제외한 모든 재료를
  냄비에 넣고 끓인다.
2 우르르 끓어오르면 체에 걸러 차게 식힌다.
3 연어는 손바닥 반만 한 크기로 썰고, 양파는 채 썰고,
  풋고추는 송송 썬다.
4 밀폐 용기에 연어, 양파, 풋고추를 담고 ②의
  양념장을 부은 후 가쓰오부시를 올린다.
5 냉장고에 넣어 8~10시간 정도 절인다.

TIP 연어장은 만들어서 3~4일 내로 드세요. 이틀 후부터는
연어를 팬에 구워 드세요.

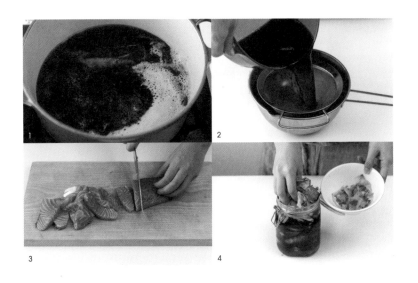

유자소금

일본 후쿠오카에 여행 갔을 때 튀김 요리 전문점에서 유자소금을 맛보았어요. 노란
알갱이가 들어 있는 소금에 튀김을 찍어 먹었는데 향긋한 유자 향에 깜짝 놀랐어요.
그 맛을 떠올리며 만들어본 레시피입니다. 튀김은 물론이고 고기, 생선구이도
찍어 먹어요. 유자 철에 만들어두면 1년 동안 두고 쓸 수 있어요. 만들기도 쉽고,
선물로도 추천합니다.

재료
유자 1개, 굵은소금 3큰술+1큰술(세척용)

만들기
1 유자는 굵은소금으로 문질러 닦아 끓는 물에 3초간
   넣었다가 꺼낸 다음 찬물에 담가 열기를 식힌 후
   필러로 껍질을 벗긴다.
2 건조기를 사용하거나 자연 건조 등의 방법으로
   유자 껍질을 완전히 말린다.
3 유자 껍질과 굵은소금을 푸드 프로세서에 넣고
   곱게 간다.

TIP 남은 유자 과육은 씨와 흰 부분을 제거하고
    설탕에 재워 유자청으로 활용하고, 유자씨는
    과육이 붙어 있는 채로 식초에 담가 유자식초를
    만들어보세요.

부케가르니채소육수

부케가르니(Bouquet Garni)는 프랑스어로 '향초 다발'이란 뜻인데요, 결혼식장에서
사용하는 부케와 어원이 같아요. 서양 요리 육수에 들어가는 재료로, 소스나 스튜를 만들
때 넣으면 레스토랑의 맛을 낼 수 있어요. 부케가르니는 타임, 파슬리, 셀러리, 월계수 잎을
기본으로 해요. 생월계수 잎은 찾기 힘들어 대신 세이지를 넣었어요. 말린 월계수 잎을
넣어도 됩니다.

재료
당근·양파 1/2개씩, 셀러리 1~2대, 물 3L,
올리브오일 약간, 부케가르니(타임 2줄기,
파슬리 3~4줄기, 세이지 3장)

만들기
1 채소를 모두 씻은 다음 당근은 어슷썰기하고,
  양파는 네모지게 썰고, 셀러리는 5cm 길이로 썬다.
2 부케가르니 재료는 씻어서 조리용 실로 묶거나
  면보에 싸서 묶는다.
3 냄비에 올리브오일을 두르고 당근, 양파, 셀러리를
  넣은 후 양파가 투명해질 때까지 볶는다.
4 ③에 물을 붓고 ②의 부케가르니를 넣어
  30분~1시간 정도 끓인 후 체에 밭쳐 거른다.

TIP 통후추, 정향 같은 향신료를 면보에 싸서
    함께 넣어도 풍미가 좋아져요.

홀토마토

일본 영화 <리틀 포레스트>를 보면 주인공 이치코가 토마토 없는 생활은 상상할 수 없다며
토마토를 한 입 베어 무는 장면이 나와요. 이치코는 토마토가 잘 익는 계절 여름에 홀토마토를
만들어요. 토마토가 가장 맛있을 때 그 맛을 저장해두는 거지요. 홀토마토를 만들어두면 파스타,
수프, 스튜를 만들 때 유용해요. 그냥 먹어도 맛있어서 디저트로도 좋아요.

재료
송이 토마토 한 줄(9~10개), 물 적당량,
굵은소금 1/2큰술, 통후추 약간, 저장용 유리병

만들기
1 유리병은 냄비에 물과 함께 뒤집어 넣어 끓이다가
   물이 팔팔 끓으면 약한 불로 줄여 열탕 소독한다.
2 토마토는 깨끗이 씻어 밑부분에 십자 모양으로
   칼집을 낸다.
3 냄비에 물을 넣고 끓이다가 토마토를 넣어 6~7초
   정도 데친 후 찬물에 담가 껍질을 벗긴다.
4 다른 냄비에 껍질 벗긴 토마토와 소금, 후춧가루를
   넣고 토마토가 잠길 정도로 물을 자작하게 붓는다.
5 중간 불에 10~15분 정도 끓인다. 이때 토마토가
   물러지지 않을 정도로 익힌다.
6 열탕 소독한 유리병에 ⑤의 토마토를 담고 끓인
   물을 붓는다.
7 한 김 식혀 뚜껑을 닫은 후 실온에 2~3일 정도
   두었다가 먹는다. 개봉한 후에는 냉장 보관한다.

TIP 토마토는 송이 토마토 외에 대저 토마토나 캄파리
      토마토 또는 다른 종류의 토마토를 사용해도 괜찮아요.
      홀토마토는 냉장고에 한 달 정도 두고 먹을 수 있어요.

토마토피클

토마토로 피클을 만든다니 조금 생소하지요? 토마토피클은 단단한 토마토로
만드는데요, 기름진 음식을 먹을 때 곁들이면 좋아요. 유리병에 담아 선물하기에도
제격이에요. 여기서는 허브를 넣어 풍미를 더했어요.

재료
단단한 토마토(작은 것) 8개, 물·식초 1과1/2컵씩,
설탕 1컵, 소금 1큰술, 허브 적당량(바질, 타임, 딜 등),
저장용 유리병

만들기
1 유리병은 냄비에 물과 함께 뒤집어 넣어 끓이다가
　물이 팔팔 끓으면 약한 불로 줄여 열탕 소독한다.
2 토마토는 깨끗이 씻은 후 먹기 좋게 4~6등분하고,
　허브는 씻는다.
3 열탕 소독한 유리병에 토마토와 허브를 담는다.
4 냄비에 물과 식초, 설탕, 소금을 넣고 설탕과 소금이
　녹을 때까지 끓여 유리병에 붓는다.
5 한 김 식혀 뚜껑을 닫은 후 실온에 1~2일 정도
　두었다가 먹는다. 개봉한 후에는 냉장 보관한다.

TIP 피클을 담글 때 뜨거운 물을 부어야 간이 잘 배고,
　　토마토의 아삭한 식감이 살아요.

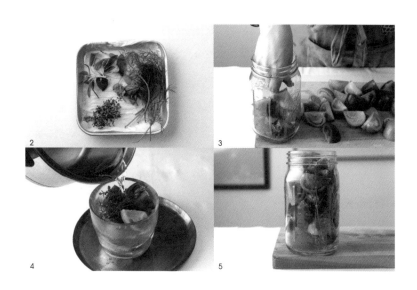

2
3
4
5

자몽절임

자몽에 꿀을 뿌려 먹는 '꿀자몽'에서 아이디어를 얻었어요. 자몽절임은 장기간 두고
먹을 수 있고, 과육과 시럽을 다양하게 활용할 수 있어요. 얼음을 동동 띄운 에이드,
팬케이크, 치즈 등과도 잘 어울린답니다.

재료
자몽 3개, 설탕 3/4컵, 꿀 2큰술, 물 450ml,
허브(민트, 로즈메리 등) 약간

만들기
1 자몽은 깨끗이 씻은 후 필러로 겉껍질과 속껍질을
   한 번에 벗긴다.
2 자몽에 칼집을 내어 과육만 분리한다. 이때 씨는
   제거한다.
3 과육을 분리한 나머지 부분은 꾹 짜서 즙을 낸다.
4 냄비에 자몽즙과 ③의 건더기, 설탕, 꿀, 물을 넣고
   중약불에 10분간 끓인다.
5 ④를 체에 걸러 자몽 시럽만 남긴다.
6 유리병에 과육과 민트, 로즈메리 등의 허브를
   넣고 자몽 시럽을 부은 후 냉장 보관한다.

TIP 자몽은 씨와 껍질을 걸러내야 자몽 특유의
      쓴맛이 약해져요.

1
2
3
4

breakfast

맛있는 아침을 먹으면 힘도 나고, 기분도 좋아요. 상큼한
샐러드, 따뜻한 수프와 토스트, 집어 먹기 좋은 김밥, 주먹밥 등
계절에 따라, 기분에 따라 만들어보세요.

유리병에 담아 하룻밤
오버나이트오트밀

오버나이트오트밀(Overnight Oats)은 이름처럼 전날 밤 오트밀에
우유를 부어두었다가 아침에 먹는 메뉴예요. 유리병에 담아 그대로
식탁에 내면 간편해요. 재료는 우유, 플레인 요구르트, 오트밀을
기본으로 좋아하는 과일이나 곡물을 추가하세요. Ⓐ

재료(1인분)
오트밀·우유 3/4컵씩, 플레인 요구르트 1/3컵,
바나나 1/2개, 체리·블루베리 약간씩, 메이플
시럽 또는 꿀 1큰술

만들기
1 바나나는 슬라이스하고, 체리는 반으로 잘라 씨를
　 뺀 후 한 번 더 자른다.
2 유리병에 오트밀을 담고 플레인 요구르트를
　 끼얹은 후 ①의 과일을 올린다.
3 우유를 붓고 메이플 시럽 또는 꿀을 넣는다.
4 냉장고에 넣었다가 다음 날 아침 꺼내 먹는다.

TIP 과일은 아침에 먹기 직전 썰어 넣으면 신선한
　　 맛을 즐길 수 있어요. 단, 바나나는 미리 넣어
　　 하룻밤 두면 단맛이 배어 오트밀의 풍미가 더욱
　　 좋아진답니다.

Q 오트밀 브랜드를 추천해주세요
'퀘이커'라는 오트 전문 브랜드가 있어요.
오리지널·크리미밀크·바나나아몬드 세 가지가 있는데,
오버나이트오트밀을 만들 때는 오리지널이 좋아요.

구름처럼 폭신한
클라우드에그

SNS에서 인기였던 메뉴, 클라우드에그는 머랭 가운데에 달걀노른자를
얹어 구운 토스트예요. 그 모양이 구름처럼 폭신해 보여 붙은 이름이지요.
식감도 이름처럼 부드러워 아이들도 좋아해요. (J)

재료
식빵 2장, 달걀 2개, 파르메산 치즈 적당량,
설탕 1작은술, 소금·후춧가루 약간씩

만들기
1 식빵은 토스터나 버터를 두르지 않은 팬에 바삭하게
  굽는다.
2 달걀은 흰자와 노른자를 분리해 볼에 담는다. 이때
  달걀노른자는 제 모양을 유지한다.
3 달걀흰자로 머랭을 만든다. 설탕을 2~3회에 나눠
  넣으며 핸드믹서를 이용해 머랭을 단단하게 친다.
4 구운 식빵 위에 머랭을 올리고 가운데에
  달걀노른자를 얹은 다음 소금, 후춧가루를 뿌리고
  파르메산 치즈를 갈아 올린다.
5 200℃로 예열한 오븐에 머랭이 노릇해지도록 6~7분
  정도 굽는다.

TIP 신선한 달걀을 사용하는 게 중요해요. 그래야
    머랭도 잘 쳐지고, 달걀의 비릿한 맛도 안 나요.

Q

거품기를 써도 돼요. 볼을 냉장고에 잠깐
넣어두었다가 머랭을 치면 수월해요. 무작정 힘을
주기보다 손목 스냅을 이용해 한 방향으로 빠르게
치세요. 거품이 올라오면 설탕을 세 번에 나눠
넣어가며 계속 거품을 내세요.

런던 스타일
슈퍼그린샐러드

런던의 '리언(Leon)'이라는 샐러드 가게에서 먹었던 샐러드예요.
건강한 패스트푸드를 콘셉트로 다양한 샐러드를 선보이는
곳이지요. 그중에서도 이 샐러드는 아보카도와 콩, 신선한 민트를
넣어 고기 없이도 포만감을 줘요. **J**

1

2, 3

8

재료

아보카도·오이 1/2개씩, 페타 치즈 80g, 울타리콩
30g, 렌틸콩 50g, 민트 한 줌, 라임 1/2개(장식용,
생략 가능), 오리엔탈 허니 드레싱 1/4컵(꿀 2큰술,
마늘 2톨, 간장 2/3작은술, 엑스트라 버진 올리브오일
3큰술, 레몬 1/2개)

만들기

1 오이는 길게 반으로 잘라 속을 파낸다.
  울타리콩과 렌틸콩은 채반에 받쳐 흐르는 물에
  씻는다.
2 아보카도는 반으로 자른 후 비틀어 숟가락으로
  속만 분리한다. 2cm 폭으로 네모나게 썬다.
3 오이는 아보카도와 비슷한 크기로 썬다.
4 민트는 씻어 손으로 잘게 찢고, 라임을 씻어 얇게
  슬라이스 한다.
5 냄비에 ①의 콩을 담고 잠길 정도로 물을 부어
  삶는다. 팔팔 끓으면 중간 불로 줄여 익힌 후
  찬물에 담가 열기를 뺀다.
6 오리엔탈 허니 드레싱 재료 중 마늘은 잘게
  다진다.
7 꿀과 다진 마늘, 간장을 잘 섞는다.
8 ⑦에 올리브오일을 조금씩 부어가며 계속 젓다가
  레몬즙을 내어 넣고 섞는다.
9 볼에 페타 치즈와 준비한 재료를 모두 넣고 잘
  섞은 후 라임을 올리고, 드레싱을 뿌린다.

TIP 민트는 잘게 찢으면 향이 풍부해져요. 렌틸콩
    대신 키노아를 넣어도 좋고, 둘 다 없다면
    울타리콩만 넣어도 됩니다.

부라타 치즈를 넣은
무화과샐러드

가을이 되면 무화과를 즐겨요. 치즈와 와인 안주로 잘 어울리는 데다
모양도 예쁘고 특유의 달콤함이 좋아요. 발사믹 소스와 진한 맛의
부라타 치즈를 넣은 무화과샐러드를 만들어보세요. Ⓙ

재료

무화과 4~5개, 부라타 치즈 1~2개, 루콜라 한 줌,
타임 적당량, 소금·후춧가루 약간씩,
발사믹 소스 1/4컵(발사믹 식초 1/2컵,
레드 와인·꿀 3큰술씩, 버터 1큰술)

만들기

1 무화과는 크기에 따라 4~6등분한다.
2 부라타 치즈는 손으로 찢고, 루콜라는 깨끗이
  씻는다.
3 냄비에 준비한 발사믹 소스 재료 중 발사믹
  식초와 레드 와인, 꿀을 넣고 끓인다.
4 보글보글 끓기 시작하면 버터를 넣는다.
5 양이 3분의 2 정도로 줄면 불을 끄고 소스 그릇에
  옮겨 담는다.
6 그릇에 준비한 샐러드 재료를 담고 발사믹
  소스와 소금, 후춧가루를 뿌린다.

TIP 그릇에 샐러드를 담을 때는 크기가 큰 재료부터 담아야
    모양새가 예뻐요. 무화과를 먼저 담고 사이사이에 치즈를
    올리면 돼요. 발사믹 소스는 식으면 조금 되직해지니
    너무 오래 끓이지 마세요.

Q 부라타 치즈는 어떤 맛이에요?
부라타(Burrata)는 이탈리아어로 버터를 발랐다는
뜻이에요. 모차렐라와 크림으로 만든 이탈리아
치즈인데, 크림 함량이 높아 맛이 부드럽고 진해요.
올리브오일만 뿌려 먹어도 맛있는 치즈랍니다.

하룻밤 재워두는
베이컨시금치스트라타

스트라타(Strata)는 미국 가정 요리예요. 빵과 채소, 달걀, 치즈 등을
버무려 오븐에 구워내요. 이름은 생소하지만, 막상 보면 익숙한
음식일 거예요. 스트라타는 미리 만들어두었다가 구워 촉촉한 것이
특징이에요. 전날 만들어 냉장고에 넣어두었다가 아침에 굽기만
하면 되어 바쁜 아침에 제격이에요. Ⓐ

재료

시금치 두 줌(150g), 베이컨 4장, 양파 1/2개, 달걀 2개,
우유 120ml, 디종 머스터드 소스·버터 1큰술씩,
바게트 1/4개, 치즈 1컵, 소금·후춧가루 약간씩

만들기

1 양파는 다지고, 베이컨은 작게 썬다. 바게트는 한 입
  크기의 주사위 모양으로 썬다.

2 팬에 버터를 넣어 녹인 다음 양파를 넣어 센 불에
  볶다가 투명해지면 베이컨을 넣어 익힌다.

3 양파와 베이컨이 다 익으면 불 끄기 직전에 시금치를
  넣어 너무 숨이 죽지 않도록 살짝 볶은 다음 소금과
  후춧가루로 간한다.

4 볼에 달걀, 우유, 디종 머스터드 소스를 넣어 잘 섞은 후
  소금과 후춧가루를 넣는다.

5 ④에 ③과 치즈 1/2컵, 바게트를 넣은 다음 빵이 젖도록
  고루 섞는다.

6 오븐 그릇에 ⑤를 옮겨 담고 위에 나머지 치즈를
  뿌린다.

7 ⑥에 랩을 씌워 밀폐한 후 냉장고에 최소 30분에서
  최대 하룻밤 정도 넣어둔다.

8 다음 날 160℃로 예열한 오븐에 30~40분간 굽는다.

TIP 냉동실에 보관한 묵은 빵, 쓰고 남은 자투리
  채소를 활용하기 좋은 요리예요. 꼭 레시피에
  있는 재료가 아니어도 냉장고 속 남은 재료나
  좋아하는 재료를 활용해보세요.

Q 디종 머스터드 소스는 씨겨자로 만든 건가요?
씨겨자는 홀그레인 머스터드로, 이름처럼 씨가 그대로 들어가
있어요. 디종 머스터드는 프랑스 디종에서 만든 소스인데요,
겨자씨 가루에 와인, 허브를 섞어 질감이 매우 부드러워요.

냉장고 속 온갖 치즈로
치즈토스트

냉장고에 남은 자투리 치즈와 얼린 과일을 활용한 토스트예요. 잼은
과일 잼을 발라도 되는데, 여기 소개하는 잼은 과육이 살아 있는 콩포트
스타일이라 식감이 좋아요. Ⓐ

1

2

Q 콩포트가 너무 맛있어요

콩포트(Compote)는 원래 과일을 설탕에 졸인 프랑스
디저트예요. 스프레드로 먹기 위해 만든 잼과 달리
과육이 살아 있어요. 콩포트만 먹기도 하고, 팬케이크나
아이스크림, 요구르트, 빙수 등에 토핑해 먹기도 해요.

3

재료
캉파뉴 슬라이스한 것 4조각, 각종 치즈 약 1컵,
사과 1/4개, 버터 3큰술, 베리 콩포트(블루베리+
산딸기 180g, 설탕 60g, 레몬즙 1큰술)

만들기
1 블루베리와 산딸기에 설탕, 레몬즙을 넣어 잘
   버무린다.
2 ①을 전자레인지에 넣고 10분 정도 돌린다.
   전자레인지가 없으면 냄비에 넣어 약한 불에 5분
   정도 살살 저어가며 익힌다.
3 각종 치즈와 사과는 얇게 슬라이스한다.
4 빵에 치즈를 올리고 ②의 베리 콩포트를 바른 후
   사과를 얹고 나머지 빵을 덮는다.
5 팬에 버터 1과1/2큰술을 넣어 녹으면 빵을 올려
   치즈가 녹을 때까지 굽는다.
6 나머지 버터를 넣어 녹인 후 빵을 뒤집어 굽는다.

TIP 전자레인지로 콩포트를 만들 경우 중간에
살펴가며 보통 잼보다는 농도가 묽고 과육
모양이 살아 있을 정도로만 가열하세요.

우유와 치즈를 넣어 진한
고구마치즈수프

고구마는 단맛이 있어 쪄 먹어도, 구워 먹어도 맛있어요. 특히 호박고구마로
수프를 만들면 부드럽고 맛이 좋아요. 거기에 우유와 치즈를 넣으면 깊은
맛의 고구마치즈수프가 돼요. **L**

재료

고구마 2개, 모차렐라 치즈 30g, 우유 750ml,
소금 1/4작은술, 올리브오일·후춧가루·크러시드
레드 페퍼·허브 약간씩

만들기

1 고구마는 깨끗이 씻어 찜통에 넣고 푹 익힌다.
2 고구마 껍질을 벗긴 후 대강 썰어 냄비에 넣고 우유를
   붓는다.
3 ②를 핸드블렌더로 곱게 간다.
4 약한 불에 끓이다가 따뜻해지기 시작하면 소금과
   후춧가루로 간한다.
5 끓기 시작하면 모차렐라 치즈를 넣고 불을 끈다.
6 먹기 전에 올리브오일, 크러시드 레드 페퍼, 허브를
   곁들인다.

Q 핸드블렌더가 없는데 고구마를 으깨
넣어도 되나요?
핸드블렌더로 간 것처럼 부드러운 맛은
없지만 몽글몽글한 덩어리가 남아 있어
색다른 느낌이 날 거예요. 고구마를 으깰
때는 숟가락보다 포크를 사용하면 쉬워요.

TIP 수프에 올리브오일을 조금 뿌리면 풍미가
더해지고 식감도 부드러워져요.

쪄서 갈기만 하면
단호박라테

추운 겨울, 아침 대용으로 먹기 좋은 메뉴예요. 찐 단호박과 우유를 함께
갈기만 하면 돼요. 미리 만들어놓고 아침에 데워 드세요. 여름에는 차게
해서 먹어도 맛있어요. Ⓐ

재료
단호박 중간 크기 1/2개, 우유 500ml,
설탕·꿀 1큰술씩, 소금·시나몬 파우더 약간씩

만들기
1 단호박은 젖은 면보를 덮어 전자레인지에 4분 정도
  익힌다. 단호박은 단단해서 자르기 쉽지 않은데,
  살짝 익히면 칼질하기 쉽다.
2 단호박을 반으로 잘라 숟가락으로 씨를 파낸 다음
  큼직하게 대강 썰어 다시 전자레인지에 4~5분간
  익힌다. 젓가락으로 찔러보아 쑥 들어갈 정도로
  완전히 익힌다.
3 칼로 단호박 껍질을 제거한 뒤 갈기 좋은 크기로
  썬다.
4 믹서에 단호박과 우유, 설탕, 꿀, 소금을 넣고 간다.
5 머그에 붓고 시나몬 파우더를 뿌린다.

TIP 영양을 생각한다면 단호박을 껍질째 갈아 넣어도
   돼요. 다만 초록색 껍질이 들어가면 단호박라테의
   색이 예쁜 노랑으로 나오지 않아요.

Q 우유 대신 두유를 넣어도 되나요?
두유를 넣어도 돼요. 두유 맛이 너무 진하면
물을 조금 섞으세요.

중국인의 일상 메뉴
시홍스차오지단

'시홍스차오지단(西红柿炒鸡蛋)'은 중국의 가정식으로,
토마토달걀볶음이에요. 완숙 토마토를 이용하면 촉촉한 볶음이
되고, 대저 토마토처럼 단단한 토마토를 쓰면 식감이 살아 있어
산뜻한 맛을 즐길 수 있어요. Ⓐ

재료

토마토 2개, 달걀 5개, 식초 2작은술, 설탕 1큰술,
대파(흰 부분) 5cm, 다진 마늘 1작은술, 참나물(장식용,
생략가능)·올리브오일·소금·후춧가루 약간씩

만들기

1 볼에 달걀 5개와 소금, 후춧가루, 식초, 설탕을 약간씩
  넣고 잘 푼다.
2 토마토는 먹기 좋게 8등분하고, 대파는 송송 썰고,
  참나물은 잎만 뗀다.
3 팬에 올리브오일을 살짝 두르고 ①을 부어
  스크램블드에그를 만들 듯이 몽글몽글하게 저어가며
  익힌다. 완전히 익히지 말고 절반 정도 수분이 남아
  있을 때 다른 그릇에 옮겨둔다.
4 팬에 다시 올리브오일을 두르고 대파와 다진 마늘을
  넣어 볶는다.
5 ④에 토마토를 넣어 볶다가 소금으로 밑간한다.
6 ③의 달걀을 넣고 서로 어우러지도록 살살 볶는다.
7 접시에 담고 참나물 잎을 뿌린다.

TIP 시간이 없다면 토마토를 먼저 볶다가 달걀 푼 것을
    부어 완성해도 됩니다. 단, 이 순서로 볶으면 음식의
    모양새가 덜해요.

중독되는 맛
진미채김밥

메이스테이블 스튜디오가 있는 연희동에 유명한 김밥집이 있어요. 그 집의
시그너처 메뉴가 '매운오징어김밥'인데, 진미채김밥은 거기서 아이디어를
얻었어요. 진미채를 고추장 양념으로 맵지 않으면서 짭조름하게 볶아 깻잎,
마요네즈와 함께 말면 입맛 돋우는 김밥이 만들어진답니다. ⓛ

재료(4인분)
진미채고추장볶음(진미채 250g, 마요네즈 4큰술,
고추장 8큰술, 설탕·고춧가루·간장·식용유 2큰술씩,
마늘 1큰술, 청주·물엿 3큰술씩), 김밥용 김 4장,
밥 1과1/2공기(300g), 깻잎 12장, 마요네즈 8큰술,
참기름·소금 약간씩

만들기
1 진미채는 생수에 1시간 이상 불려 부들부들하게
  만든다.
2 불린 진미채를 종이 타월에 올려 물기를 제거한 다음
  마요네즈에 버무린다.
3 볼에 물엿, 식용유를 제외한 진미채고추장볶음
  재료를 넣고 고루 섞어 양념장을 만든다.
4 팬에 식용유를 두르고 달군 후 양념장을 부어 한소끔
  끓이다가 진미채를 넣고 중간 불에 볶는다.
5 양념장이 진미채에 스며들면 약한 불로 줄인 뒤
  물엿을 넣고 한 번 더 볶아 마무리한다.
6 밥은 소금으로 밑간한다.
7 김발 위에 김을 깔고 밥, 깻잎, 마요네즈, 볶은
  진미채를 차례대로 올려 만다.
8 김밥 겉에 참기름을 바르고 먹기 좋은 두께로 썬다.

TIP 진미채는 바로 볶으면 딱딱하니 물에 충분히
    불린 후에 사용하세요. 하룻밤 불려도 됩니다.

노릇하게 구운
명란주먹밥

대학 시절 자취할 때 냉장고 속에 항상 부모님이 보내주신 명란이
있었어요. 어느 날 집에 놀러 온 친구들에게 야식으로 명란비빔밥을
만들어주었는데 너무 맛있어서 추억의 메뉴가 되었지요.
명란주먹밥은 이 명란비빔밥을 예쁘게 모양 잡아 구운 것이에요.
만들기도 쉽고, 식어도 맛있어요. Ⓛ

TIP 양념 명란을 쓴다면 청주로 양념을 씻어낸 후
사용하세요.

재료

백명란 3쪽, 밥 2공기(400g), 식용유 약간,
양념(고춧가루·청주 1/2큰술씩, 다진 쪽파 5큰술,
간장 1/2큰술, 참기름 1과1/2큰술, 통깨 2큰술)

만들기

1 백명란은 세로로 칼집을 낸 뒤 칼등으로 껍질을
  살살 벗겨 속만 꺼내 사용한다.
2 볼에 분량의 양념 재료를 넣고 잘 섞은 후 명란을
  버무린다.
3 밥에 명란을 넣어 고루 섞은 후 삼각 주먹밥
  모양으로 만든다.
4 팬에 식용유를 두르고 주먹밥을 올려 양면을
  노릇하게 굽는다.

Brunch

마음까지 여유로운 주말이나 아침 생각이 없는 날에는 느긋하게 '아점'을
준비해요. 에그인헬, 다마고샌드위치 등 새로운 메뉴에 도전하거나 직접
소다브레드를 구워보세요. 입맛 돋우는 비빔면을 만들거나 봄의 향기를 담뿍
담은 솥밥을 지어도 행복하겠죠.

부드럽고 촉촉한
코티지치즈팬케이크

브런치 레스토랑 '빌스(Bills)'의 팬케이크는 무척 부드럽고 촉촉해요.
그곳의 팬케이크를 떠올리며 코티지 치즈를 넣어 만들어봤어요. 과일을
곁들이면 담음새가 풍성하고 멋스러워요. J

TIP 머랭은 뿔이 올라올 정도로 단단하게 치고 달걀노른자 반죽과 섞을 때는 치즈가 다 풀리지 않게 덩어리감이 있도록 섞어주세요. 이렇게 하면 먹을 때 치즈 덩어리가 느껴지면서 치즈의 맛을 더욱 진하게 즐길 수 있어요.

재료

달걀 4개, 플레인 요구르트 150g, 박력분 150g,
설탕 40g, 소금·슈거 파우더 약간씩,
코티지 치즈 300g(우유·생크림 2와1/2컵씩,
플레인 요구르트 3/4컵, 레몬즙 5큰술, 소금 1작은술),
식용유 적당량

만들기

1 냄비에 코티지 치즈 재료 중 우유와 생크림을 넣고
   중약불에 올린다.
2 플레인 요구르트에 레몬즙을 섞는다.
3 ①의 우유와 생크림 표면에 살짝 막이 생기면 ②와
   소금을 넣는다.
4 몽글몽글한 덩어리가 생기기 시작하면 약한 불로 줄여
   5~10분 정도 끓인다.
5 체 위에 면보를 두 겹 정도 깔고 ④를 붓는다.
6 4~6시간 정도 거른 후 면보 위에 남은 치즈를 감싸
   살짝 짜서 완성한다.
7 달걀은 흰자와 노른자를 분리한다. 달걀흰자에 분량의
   설탕을 넣어 핸드믹서로 머랭을 친다.
8 분리해둔 달걀노른자에 코티지 치즈와 플레인
   요구르트를 넣어 섞은 후 박력분을 체로 쳐 넣고
   섞는다.
9 머랭과 달걀노른자 반죽을 머랭이 꺼지지 않도록 살살
   섞어 팬케이크 반죽을 만든다.
10 팬에 식용유를 두르고 중간 불에서 팬케이크를 굽는다.
11 접시에 담고 슈거 파우더를 뿌린다.

Q 팬케이크를 예쁜 갈색으로 구우려면
어떻게 해야 하나요?
중간 불에 뭉근하게 구우세요. 불이 세면
타거나 얼룩덜룩하게 구워지거든요.
표면에 구멍이 10~15개 정도 숭숭 생기면
뒤집어주세요.

바삭바삭한 식감
홍콩토스트

홍콩에 가면 1950년에 오픈한 '미도 카페'에서 파는 프렌치토스트가
있어요. 정통 프렌치토스트와 비슷해 보이지만, 이곳의 토스트는
달걀옷을 입힌 후 튀기듯이 만들어 식감이 바삭바삭하지요. Ⓛ

재료
식빵 2장, 달걀 1개, 우유 5큰술, 설탕 1작은술,
바나나 1/2개, 소금 약간, 버터(2×2cm) 1조각,
카야잼·식용유·메이플 시럽 또는 연유 적당량씩

만들기
1 식빵 양면에 카야잼을 듬뿍 바른나.
2 볼에 달걀, 우유, 설탕, 소금을 넣고 잘 섞어
   달걀옷을 만든다.
3 식빵에 달걀옷을 골고루 입힌다.
4 팬에 식용유를 넉넉히 붓고 180℃로 가열한 후
   식빵을 노릇하게 튀긴다.
5 식빵에 버터 조각을 올리고 메이플 시럽이나
   연유를 뿌린 후 바나나를 곁들인다.

TIP 바나나뿐 아니라 각종 과일이나 아이스크림을
     곁들여도 좋아요.

Q 더 촉촉하게 만들고 싶어요
한 입 베어 문 순간 사르르 녹는 촉촉함을
원한다면 우유의 양을 늘리고, 식빵에 달걀옷을
충분히 적신 후 튀기세요.

달걀 프라이를 얹으면
크로크마담

햄과 치즈를 넣은 크로크무슈는 프랑스의 대표 샌드위치예요. 옛날 광부들이
점심으로 싸온 샌드위치를 난로 위에 올려 바삭하고 따뜻하게 데워 먹은 데서
유래한 메뉴죠. 이 크로크무슈에 달걀 프라이를 얹으면 크로크마담이 돼요. Ⓐ

재료
캉파뉴 슬라이스한 것 4조각, 슬라이스 치즈 4장,
샌드위치용 햄 2장, 모차렐라 치즈 1컵, 달걀 1개,
파슬리 가루 약간, 베샤멜 소스(22p 참조)·올리브오일
적당량씩

만들기
1 빵 한쪽 면에 베샤멜 소스를 바르고 슬라이스 치즈,
   햄, 슬라이스 치즈를 차례대로 올린다.
2 나머지 빵은 양면에 베샤멜 소스를 바르고 ① 위에
   덮는다.
3 ② 위에 모차렐라 치즈를 올린다.
4 200℃로 예열한 오븐에 7분 정도 굽는다.
5 팬에 올리브오일을 두르고 달걀 프라이를 한다.
6 ④에 달걀 프라이를 얹고 파슬리 가루를 뿌린다.

TIP 캉파뉴는 '시골 빵'이라는 뜻으로, 유럽에서
     즐겨 먹는 발효 빵이에요. 캉파뉴로 토스트를
     만들어보세요. 건강에도 좋고, 빵의 보들보들한
     식감이 매력 있어요.

Q 팬을 이용해 만들 수도 있나요?
팬에서 만들 때는 뚜껑을 덮고 약한 불에 구우세요.
이때 빵 밑부분이 타지 않게 주의하세요.

상큼한 레몬 드레싱
사과아보카도샐러드

사과와 레몬 드레싱이 아보카도와 어우러져 상큼한 샐러드예요. 사과를
얇게 슬라이스해 곁들이면 비주얼도 색다르고 고급스러워요. Ⓛ

재료
사과 1/2개, 아보카도 1개, 케일 5장, 허브 약간,
레몬 드레싱(레몬 1/2개, 화이트 와인 비니거 1큰술,
꿀 1과1/2작은술, 통후추 간 것 약간, 엑스트라 버진
올리브오일 1과1/2큰술)

만들기
1 사과는 깨끗이 씻어 껍질째 얇게 슬라이스한다.
2 아보카도는 반으로 자른 후 비틀어 숟가락으로
  속만 분리한다. 2cm 폭으로 네모나게 썬다.
3 케일은 가운데의 굵은 심을 잘라내고 0.5cm
  폭으로 썬다.
4 볼에 레몬즙을 짜 넣고 올리브오일을 제외한
  나머지 드레싱 재료를 모두 넣어 섞은 다음
  마지막에 올리브오일을 넣는다.
5 ④에 준비한 샐러드 재료를 모두 넣어 고루 버무린
  뒤 그릇에 담고 허브를 올린다.

TIP 드레싱을 만들 때 오일은 마지막에 넣으세요.
    미리 넣으면 다른 재료가 서로 어우러지지
    않고 겉돌아요.

속을 듬뿍 넣어서
불고기토르티야랩

토르티야랩은 샌드위치에 비해 탄수화물이 적고, 속 재료가
풍성하게 들어가 든든해요. 그래서 채소를 좋아하거나 다이어트하는
분에게 추천해요. 불고기뿐 아니라 새우, 닭고기 등 원하는 재료를
넣어보세요. Ⓐ

재료(4인분)
불고기용 쇠고기 400g, 양파 1/2개, 토르티야 4장,
양상추 4~5장, 로메인 5~6장, 적양배추 1/10통,
아보카도 1개, 사워크림 1/2컵, 불고기 양념(간장
5큰술, 설탕 2큰술, 다진 마늘·맛술·매실청 1큰술씩,
참깨·참기름·후춧가루 약간씩)

만들기
1 분량의 재료를 섞어 만든 불고기 양념에 쇠고기를
   30분 이상 재워둔다.
2 양파, 양상추, 로메인, 적양배추는 씻어서 채 썬다.
3 아보카도는 반으로 잘라 씨를 뺀 다음 숟가락으로
   속만 분리해 슬라이스한다.
4 토르티야는 식용유를 두르지 않은 팬에 살짝 굽는다.
5 팬에 재워둔 쇠고기와 양파를 넣고 물기가 생기지
   않도록 센 불에 빠르게 볶는다.
6 토르티야 위에 채소류, 아보카도, 불고기,
   사워크림을 올리고 돌돌 만다.
7 ⑥을 유산지에 올려 당겨가며 포장해 모양을 잡는다.

TIP 토르티야는 이렇게 많이 넣으면 제대로 말릴까 싶을
    정도로 재료를 듬뿍 넣어야 모양이 예쁘게 잡혀요.

Q 토르티야 말기가 쉽지 않아요
토르티야를 말 때 재료가 빠져나가지 않도록
양옆을 잘 접은 후 말아주세요. 재료를 올릴
때 사워크림 위에 채소를 조금 더 올려주세요.
그러면 말 때 손에 묻지 않아요.

도톰한 달걀구이를 넣은
다마고샌드위치

부드럽고 촉촉하면서 달달한 일본식 달걀구이가 들어간 샌드위치예요.
'다마고'는 달걀을 뜻하는 일본어예요. 일본 편의점에서도 파는 이
샌드위치는 요즘 우리나라 카페에서도 유행이죠. Ⓛ

2

4

5

재료
식빵 4장, 달걀 8개, 설탕 6큰술, 우유 200ml,
맛술 3큰술, 청주 1큰술, 간장 1작은술,
소금 1/4작은술, 명란 스프레드(마요네즈·명란 4큰술씩),
와사비 스프레드(마요네즈 4큰술, 와사비 3작은술)

만들기
1 볼에 달걀과 우유, 설탕, 맛술, 청주, 간장, 소금을 넣고
  잘 섞는다.
2 ①을 체에 내려 알끈과 이물질을 걸러낸다.
3 분량의 스프레드 재료를 각각 볼에 넣고 섞어
  스프레드를 만든다.
4 오븐 틀(17×17cm)에 종이 포일을 깔고 ②를 붓는다.
  윗부분이 타지 않도록 종이 포일을 덮는다.
5 ④를 160℃로 예열한 오븐에 40~50분간 굽는다.
6 테두리를 자른 식빵 각 한쪽 면에 원하는 스프레드를
  듬뿍 바른다. 와사비 스프레드는 매콤한 맛이, 명란
  스프레드는 짭조름한 맛이 난다.
7 달걀구이를 식빵에 맞춰 잘라 식빵 사이에 넣은 후
  완성한 샌드위치는 먹기 좋은 크기로 자른다.

TIP 샌드위치를 자를 때는 칼을 불에 달군 후
    사용하면 깔끔하게 자를 수 있어요.

미니 버거가 조르르
슬라이더

슬라이더는 미국 패스트푸드 체인점 '화이트 캐슬(White Castle)'의
미니 버거예요. 크기가 작아 목으로 미끄러지듯이 넘어간다고 해서
'슬라이더(Slider)'라고 이름을 붙였대요. 슬라이더는 햄버거처럼 하나씩 만들지
않고 큰 팬에 빵을 조르르 깔고 재료를 듬뿍 올린 다음 빵을 덮어 오븐에 굽는
방식으로 만들어요. 여러 개를 한 번에 만들 수 있어서 편할 뿐 아니라 여러 사람이
나눠 먹기도 좋답니다. Ⓐ

재료(4인분)

모닝빵 8개, 베이컨 4장, 슬라이스 햄 100g, 치즈(체더
치즈와 모차렐라 치즈를 섞은 것) 2컵, 버터 2큰술, 말린
허브·소금·후춧가루 약간씩, 가지 1개, 마늘종 3~4대,
올리브오일 적당량, 소스(마요네즈 5큰술, 홀그레인
머스터드 소스 2큰술)

Q 오븐이 없으면 팬에 구워도 되나요?
가능해요. 단, 가지나 마늘종 같은 채소는 빼고
슬라이더만 팬에 담으세요. 팬 뚜껑을 덮고 아주 약한
불로 치즈가 녹을 때까지 구워주세요.

만들기

1 모닝빵은 가로로 반 자르고, 치즈는 갈고, 햄은 가로세로 1cm 크기로 썬다.

2 베이컨은 잘게 썰어 팬에 식용유를 두르지 않고 굽는다.

3 가지는 꼭지 부분을 떼어 세로로 6~8등분으로 가르고, 마늘종은 가지 길이로 썬다.

4 분량의 재료를 섞어 소스를 만든다.

5 오븐 그릇에 빵 아랫부분을 올리고 소스를 바른다.

6 빵 위에 햄과 치즈, 베이컨을 차례대로 올린 후 나머지 빵을 덮는다.

7 빵 옆에 가지와 마늘종을 담고 올리브오일, 소금, 후춧가루를 뿌린다.

8 버터를 그릇에 담아 뚜껑을 덮고 전자레인지에 10초씩 돌려가며 완전히 녹인 후 말린 허브와 섞어 빵 위에 골고루 바른다.

9 180℃로 예열한 오븐에 7~8분간 굽는다.

TIP 버터를 바르면 풍미가 더 좋아지고, 구울 때 빵이 마르는 것을 방지할 수 있어요. 오븐의 형태에 따라 빵 윗부분이 탈 수 있으니 살펴가며 구우세요.

초록 빨강
토마토오일파스타

토마토오일파스타는 간단하면서도 엑스트라 버진 올리브오일의 산뜻한
맛이 매력이에요. 완두콩이 맛있는 4~6월에 함께 넣고 만들어보세요. 여기에
마늘과 매운 이탈리아산 고추 페페론치노를 넣으면 맛이 개운해요. **J**

재료
스파게티 면 160g, 굵은소금 2큰술, 방울토마토 15개,
마늘 5~6톨, 페페론치노 4~5개, 엑스트라 버진 올리브오일
3~4큰술, 소금·후춧가루 약간씩, 완두콩 20~30g,
바질·그라나 파다노 치즈 적당량씩

만들기
1 완두콩과 방울토마토는 깨끗이 씻고, 마늘은 편으로
  썬다.
2 냄비에 물을 넉넉히 붓고 완두콩과 굵은소금을 조금
  넣어 삶는다. 팔팔 끓으면 중간 불로 줄여 10분 정도
  삶은 후 찬물에 담가 열기를 뺀다.
3 냄비에 물을 넉넉히 붓고 끓이다가 팔팔 끓으면
  굵은소금과 스파게티 면을 넣고 9~10분 정도 삶는다.
4 팬에 올리브오일을 두르고 마늘을 넣어 볶다가
  페페론치노를 대강 부숴 넣는다.
5 마늘이 노릇해지면 센 불로 올려 방울토마토를 넣고
  살짝 터질 정도로 익힌다.
6 ⑤에 스파게티 면을 건져 넣고 면 삶은 물을 1/2~1컵
  정도 붓는다.
7 1~2분 정도 볶아 면과 모든 재료가 촉촉하게 배면
  소금·후춧가루를 넣은 후 불을 끄고 그릇에 담는다.
8 삶은 완두콩과 손으로 찢은 바질을 올린다.
9 치즈를 갈아 올린 다음 위에 올리브오일을 살짝 뿌린다.

TIP 파스타는 종류에 따라 삶는 시간이 달라요. 포장 봉지를
    참조하되 그 시간보다 1~2분 짧게 삶으세요. 팬에서 면을
    다시 볶기 때문이에요.

지옥 불에 떨어진 달걀
에그인헬

에그인헬(Egg in Hell)의 원래 이름은 샥크슈카(Shakshuka)인데요, 토마토 소스 위에 달걀을 깨어 넣어 익혀 먹는 이스라엘 음식이에요. 빨간 토마토 소스에 달걀이 들어간 모습이 마치 지옥 불에 떨어진 달걀처럼 보인다고 해서 에그인헬이라는 별칭이 붙었어요. 오리지널 레시피에는 쿠민 등의 향신료가 들어가는데, 우리 입맛에 맞게 변형한 레시피를 소개할게요. Ⓐ

재료

달걀 3~4개, 양파 1/2개, 베이컨 4장, 다진 마늘 1큰술,
토마토 소스 1캔(125g), 칠리 파우더 1/3작은술,
체더 치즈 간 것 1/2컵, 설탕 1작은술,
바질·소금·후춧가루 약간씩, 올리브오일 적당량

Q 달걀을 반숙 정도로 익히려면 얼마나 두어야 하나요?
대략 3~4분이면 돼요. 중간에 뚜껑을 열어보아 달걀흰자의
투명함이 사라졌으면 반숙으로 먹기 좋게 익은 거예요.

만들기

1 양파는 다지고, 베이컨은 1cm 폭으로 썬다.
2 팬에 올리브오일을 두르고 양파와 다진 마늘을
　넣어 볶는다.
3 양파가 투명해지면 베이컨과 칠리 파우더를 넣고
　볶는다.
4 토마토 소스를 넣고 소금, 후춧가루로 간한다.
5 토마토 소스가 끓으면 달걀의 위치를 잡아
　조심스럽게 깨어 넣는다.
6 달걀 사이사이에 체더 치즈를 뿌리고 뚜껑을 덮은
　후 달걀을 반숙 정도로 익힌다.
7 달걀이 익으면 바질을 손으로 대강 찢어 올린다.

TIP 가루 향신료는 볶으면 맛과 향이 배가되어
　　재료를 볶을 때 넣어요.

구우면 더 맛있다
무화과피자

무화과는 더운 여름이 지나고 제철이 되면 하염없이 먹게 돼요. 어릴 적에
할머니가 무화과를 주셨을 땐 그 맛을 잘 몰랐지만, 어느새 무화과의 매력에 푹
빠져 다양한 요리로 만들어 먹곤 하지요. 그중 하나가 무화과와 짭조름한 생햄
그리고 치즈의 조합이 훌륭한 무화과피자예요. Ⓛ

재료(지름 25cm)

피자 도(강력분 200g, 드라이
이스트 5g, 소금 4g, 우유
150ml, 올리브오일 20g), 무화과
4개, 양파 1/2개, 버터·발사믹
글레이즈 1큰술씩, 크레송 한 줌,
생햄(코파) 50g, 모차렐라 치즈 약
100g, 고르곤졸라 치즈 약 30g,
꿀·후춧가루 적당량씩

TIP 여기에 소개한 피자 도 레시피는 집에
있는 재료로 쉽게 만들 수 있는 간단
버전이에요. 도를 반죽할 때 소금과
드라이 이스트를 같이 섞어 넣으면
제대로 발효되지 않으니 서로 섞이지
않게 따로 넣어주세요.

만들기

1 피자 도 재료 중 강력분을 체로 친 후 소금과 드라이
  이스트를 섞이지 않게 넣는다.
2 우유를 전자레인지에 30초간 돌려 따뜻하게 데운 뒤
  ①에 부어 골고루 섞는다.
3 반죽 가운데 부분을 옴폭 판 후 올리브오일을 넣고
  반죽이 골고루 섞이도록 치댄다. 면보를 따뜻한 물에
  적셔 꼭 짠 후 볼을 덮어 30분~1시간 정도 발효시킨다.
4 반죽이 1.5배 정도 부풀어 오르면 반죽의 공기를 뺀 뒤
  지름 25cm 정도의 둥근 모양으로 성형해 피자 도를
  만든다.
5 피자 도 군데군데에 포크로 구멍을 낸 후 200℃로
  예열한 오븐에 10분간 굽는다.
6 무화과는 씻어서 세로로 자르고, 양파는 0.5cm 두께로
  슬라이스한다.
7 팬에 버터와 채 썬 양파를 넣고 갈색이 돌 때까지 중간
  불에 볶은 다음 발사믹 글레이즈를 넣고 한 번 더
  볶는다.
8 피자 도 위에 볶은 양파를 올린 후 모차렐라 치즈,
  고르곤졸라 치즈, 무화과를 올린다.
9 200℃로 예열한 오븐에 5~7분간 굽는다.
10 구운 피자 위에 생햄과 크레송(서양냉이)을 올린다.
  기호에 맞게 발사믹 글레이즈, 꿀, 후춧가루 등을
  곁들인다.

Q 코파 햄이 뭔가요?
코파는 돼지 목살을 장시간 숙성시킨
생햄이에요. 하몽이나 프로슈토와 부위는
다르지만 맛은 비슷해요.

과일과 잼을 올린
포도피자

피자라고 하면 흔히 토마토 소스에 피자 치즈, 채소, 햄 등 토핑이 듬뿍 올라간 이미지를 떠올리는데, 여기서는 과일과 잼만으로 '가벼운' 피자를 만들어볼게요. 포도에 발사믹 비니거와 와인 등을 넣어 만든 포도발사믹잼을 페이스트 대용으로 썼어요. Ⓛ

3

4

Q 포도발사믹잼은 어떤 맛이에요?
포도발사믹잼은 포도잼보다 포도의 향과
새콤한 맛이 훨씬 진해요.

5

재료(30×15cm)

껍질째 먹는 포도 1컵, 리코타 치즈 100g,
베이비 루콜라·잣과 아몬드 등 견과류 적당량씩,
올리브오일·후춧가루 약간씩, 피자 도(98p 참조),
포도발사믹잼(씨 없는 포도 350g, 레드 와인
200ml, 발사믹 비니거 100ml, 발사믹 글레이즈
1/2큰술, 설탕 8큰술, 소금 1/2작은술, 레몬즙
1작은술, 로즈메리 2~3줄기, 통후추 2작은술,
시나몬 스틱 1개)

TIP 포도발사믹잼은 졸일 때 조금 덜 졸여 농도를
맑게 하면 소스가 돼요. 이 소스는 샐러드나
스테이크에 곁들이면 좋아요.

만들기

1 포도와 루콜라는 깨끗이 씻는다.

2 잣 또는 아몬드는 달군 팬에 식용유를 두르지 않고
굽는다.

3 포도발사믹잼 재료 중 로즈메리와 통후추, 시나몬
스틱은 거즈나 다시백에 한데 싸서 묶는다.

4 냄비에 포도발사믹잼 재료를 모두 넣고 센 불에 계속
저어가며 끓인다.

5 ④가 끓어오르면 중약불로 줄이고 원하는 농도가 될
때까지 졸인다.

6 피자 도를 타원형으로 성형한 후 200℃로 예열한
오븐에 10분간 굽는다.

7 구운 피자 도 위에 리코타 치즈와 포도발사믹잼을
듬뿍 바른다.

8 ⑦에 포도와 루콜라를 올리고 구운 견과류와
후춧가루, 올리브오일을 뿌린다.

집에 있는 빵으로
촉촉마늘빵

겉은 바삭바삭하고 속은 촉촉한 마늘빵은 우유와 함께 먹으면 맛의 어울림이
좋아요. 호밀빵, 바게트, 식빵 등 어떤 빵을 사용해도 괜찮아요. Ⓛ

재료(4인분)
호밀빵 1개, 마늘 15톨, 연유 8큰술, 버터 100g,
다진 허브(파슬리, 로즈메리 등) 1큰술, 소금 약간

만들기
1 마늘은 칼로 곱게 다진다.
2 호밀빵은 2cm 간격의 사선으로 칼집을 낸다.
3 버터는 그릇에 담아 뚜껑을 덮고 전자레인지에
  30초 정도 돌려 완전히 녹인 다음 ①의 마늘과
  연유, 다진 허브, 소금을 넣고 섞는다.
4 칼집 낸 호밀빵 사이사이에 ③의 마늘 버터를 듬뿍
  바른다.
5 180℃로 예열한 오븐에 약 15분 정도 굽는다.

TIP 마늘 특유의 알싸한 맛을 좋아하면 마늘을 칼로 다져
    만들어보세요. 허브는 말린 허브를 사용해도 됩니다.

초간단 식사 빵
소다브레드

갓 구워낸 따끈한 빵이 주는 행복감은 알지만, 집에서 빵을 만드는 건
번거롭지요. 소다브레드는 발효도 필요 없고, 오래 반죽할 필요도 없어요.
재료를 모두 섞어 바로 굽기만 하면 돼요. 아일랜드 사람들이 크리스마스
테이블에 올리는 빵이자 식사로 즐겨 먹는 빵이기도 해요. Ⓐ

Q 버터는 물처럼 완전히 녹여서 쓰나요?
네, 전자레인지에 넣고 30초 정도 돌리면 돼요. 이때
꼭 뚜껑을 덮으세요. 전자레인지가 없으면 작은 팬에
넣어 약한 불에 녹이세요.

재료(4인분)
중력분 350g, 베이킹 소다 1작은술, 소금 1/2작은술,
설탕 2큰술, 버터 3큰술+1큰술(바르는 용도),
버터밀크(우유 300ml+식초 1과1/2큰술), 달걀 1개

만들기
1 분량의 우유와 식초를 섞어 15분 정도 그대로 둔다.
2 중력분을 체로 친 후 베이킹 소다, 소금, 설탕을 넣어
  잘 섞는다.
3 ②에 차가운 버터를 넣고 스크레이퍼로 자르듯이
  섞는다. 손으로 만져보아 큰 덩어리가 있으면 비벼
  부순다.
4 ①에 달걀을 넣고 잘 푼 다음 ③에 넣고 반죽한다.
5 버터 1큰술을 그릇에 담아 뚜껑을 덮고 전자레인지에
  녹여 오븐 팬에 고루 바른 다음 그 위에 반죽을
  올린다. 반죽 위에도 녹인 버터를 바른다.
6 190℃로 예열한 오븐에 60분 정도 굽는다.

TIP 버터밀크는 발효한 산성 우유인데,
   우리나라에서는 구하기가 어려워요. 우유와
   식초로 버터밀크 대용을 만들어 쓰세요. 우유와
   식초를 섞어 15분 정도 그대로 두면 몽글몽글한
   버터밀크 대용품이 완성돼요.

5

명란이 들어가 맛있어요
명란파스타

명란 속을 발라 파스타에 버무리면 명란의 식감이 살아 있는 파스타를 만들
수 있어요. 짭조름하면서도 고소한 맛에 반해 여러 방법으로 만들어보다가
찾아낸 레시피랍니다. Ⓙ

재료

스파게티 면 160g, 굵은소금·케이퍼 2큰술씩,
저염 명란 2쪽, 청주·크러시드 레드 페퍼 1/2큰술씩,
마늘 5~6톨, 버터 20g, 포도씨오일 적당량,
시소 2~3장, 채 썬 김·후춧가루 약간씩

만들기

1 명란은 속을 발라 볼에 담고 청주를 넣어 버무린다.
　마늘은 편으로 썬다.

2 냄비에 물을 넉넉히 붓고 끓이다가 물이 팔팔
　끓으면 굵은소금과 면을 넣고 9~10분 정도 삶는다.

3 팬에 포도씨오일을 두르고 마늘을 넣어 노릇하게
　볶다가 케이퍼와 크러시드 레드 페퍼를 넣어
　볶는다.

4 ③에 삶은 면을 넣고 잘 어우러지도록 30초~1분
　정도 볶는다. 이때 수분이 부족하면 면 삶은 물을
　한 국자 정도 붓는다. 간도 더해지고, 파스타도
　촉촉해진다.

5 불을 끄고 버터를 넣어 잘 섞는다.

6 ⑤를 그릇에 담고 위에 명란과 시소, 채 썬 김을
　올린 후 후춧가루를 뿌려 낸다.

TIP 명란 속을 발라 청주에 버무리는 이유는 명란의
　　짠맛을 중화시키면서 감칠맛을 더해주기
　　때문이에요. 저염 명란이 없다면 명란을 청주에
　　살짝 헹궈 쓰세요.

Q 시소가 없어요.
시소는 우리나라 깻잎과 비슷한 모양의 일본 깻잎이에요.
시소가 없으면 깻잎을 넣어보세요. 명란파스타에는
바질보다 깻잎이 잘 어울려요.

섬초의 영양이 듬뿍
섬초안초비펜네

해풍을 맞고 자라 단맛과 영양이 풍부한 섬초. 주로 나물이나 국을 끓여 먹는데
파스타를 만들어보세요. 섬초와 짭조름한 안초비의 어울림이 좋아요. 섬초를
듬뿍 먹을 수 있는 레시피랍니다. ⓛ

재료

섬초 150g, 펜네 400g, 안초비 3쪽(6g),
간장·굵은소금 2작은술씩, 올리브오일 적당량,
소금·후춧가루 약간씩, 마늘 8톨, 페페론치노 10개

만들기

1 섬초는 밑동을 잘라내고 깨끗이 씻은 후 물기를 뺀다.
2 마늘은 편으로 썰고, 안초비는 칼등으로 찧는다.
3 끓는 물에 굵은소금을 넣고 펜네를 8~10분 정도
  삶아 건진다. 이때 면수(펜네 삶은 물)를 100ml 정도
  남겨둔다.
4 팬에 올리브오일을 두르고 마늘과 페페론치노를 넣어
  중간 불에 볶는다.
5 마늘이 노릇하게 익으면 약한 불로 줄인 후 간장을
  넣는다.
6 섬초를 넣어 빠르게 볶은 후 안초비, 소금,
  후춧가루를 넣는다.
7 펜네와 면수를 넣고 양념 맛이 배도록 센 불에
  볶는다.

Q 안초비 대신 멸치액젓을 넣어도 되나요?
멸치액젓은 비린 맛이 강해 파스타
소스로는 부담스러워요.

TIP 이탈리아 사람들은 안초비를 다져서 파스타나 피자,
소스에 즐겨 써요. 빵 위에 버터와 함께 올려 먹어도
맛있답니다.

골뱅이소면처럼
연겨자닭가슴살소면

명절 등 기름진 음식을 많이 먹은 날 추천해요. 새콤하면서 톡 쏘는 맛과
미나리 향이 입안을 개운하고 깔끔하게 해준답니다. ㉦

재료

닭 가슴살 1쪽, 미나리 한 줌, 소스(연겨자·배즙 2큰술씩,
다진 마늘·설탕·맛술 1큰술씩, 식초 3큰술, 물 6큰술,
간장 3/4큰술, 소금 1/2작은술, 땅콩버터 1/2큰술),
소면 1인분

만들기

1 닭 가슴살은 끓는 물에 넣고 10~15분 정도 삶은 후
  손으로 가늘게 찢는다.
2 미나리는 깨끗이 씻어 약 5cm 길이로 썬다.
3 분량의 재료를 섞어 소스를 만든다.
4 닭 가슴살과 미나리에 소스를 부어 골고루 버무린다.
5 소면을 삶아 그릇에 담고 ④를 올린다.

TIP 소면 없이 연겨자냉채로 먹을 때는 소스
      재료에서 물을 3큰술로 줄여 만드세요.

만들기 쉽고 든든한
아보카도새우토르티야

토르티야 위에 부드러운 아보카도 무스를 바르고 발사믹 글레이즈에 볶은
새우와 양파 등을 올린 메뉴예요. 조리 과정이 간단하고, 무엇보다 든든해서
손님이 여러 명 왔을 때 대접하기 좋아요. ⓛ

재료

토르티야 2장, 아보카도 1개, 양파·라임 1/2개씩,
새우 15마리, 발사믹 글레이즈 2큰술, 홀그레인
머스터드 소스 2작은술, 칠리 파우더 1/4작은술,
사워크림 3큰술, 페타 치즈·고수·식용유·통후추 약간씩

만들기

1 아보카도는 칼집을 넣고 비틀어 반으로 가른 후
   숟가락으로 속만 파내어 으깬다.
2 토르티야는 달군 팬 위에 올려 따뜻하게 굽는다.
3 양파는 얇게 썰어 팬에 식용유를 두르고 볶는다.
4 양파가 노릇해지기 시작하면 발사믹 글레이즈,
   홀그레인 머스터드 소스, 칠리 파우더를 넣고 볶는다.
5 새우를 넣어 함께 볶는다.
6 토르티야 위에 으깬 아보카도→사워크림→양파→
   페타 치즈 순으로 올린다.
7 라임즙을 짜 넣고, 고수와 라임, 통후추를 곁들인다.

TIP 토르티야는 너무 바짝 구우면 말 때 부서지니
   주의하세요. 사워크림, 칠리 파우더, 페타 치즈는
   기호에 맞게 양을 조절하세요.

Q 새우는 껍질이 있는 것으로 구입하나요?
냉동 혹은 냉장된 새우 살을 구입하면 따로
손질하지 않아도 되어 편해요. 껍질이 있는
새우는 머리, 꼬리, 껍질을 모두 제거한 후
사용하세요.

새콤달콤 태국식 샐러드
얌운센

얌운센은 태국식 누들 샐러드예요. 얌(Yam)은 태국어로 '버무리다', '샐러드'를,
운센(Woon Sen)은 '당면'을 뜻해요. 즉 당면을 버무린 샐러드죠. 태국 음식에 많이
쓰이는 피시 소스의 콤콤한 향과 새콤달콤한 맛이 어우러져 입맛을 돋워줘요. **J**

재료
녹두 당면 가는 것 50g, 칵테일 새우·방울토마토
4~5개씩, 양파·오이·홍고추 1/2개씩, 고수 약간,
샐러드드레싱(피시 소스 1큰술, 스위트 칠리 소스·설탕
2큰술씩, 마늘 2톨, 라임 1개)

만들기
1 당면은 찬물에 30분 정도 담갔다가 끓는 물에
   2분간 데친 후 다시 찬물에 담가 열기를 뺀다.
2 양파는 가늘게 채 썰고, 홍고추는 송송 썰고,
   오이와 방울토마토는 먹기 좋은 크기로 썬다.
   샐러드드레싱 재료 중 마늘은 다진다.
3 분량의 샐러드드레싱 재료를 잘 섞은 후 마지막에
   라임즙을 짜 넣는다.
4 볼에 당면과 칵테일 새우, 나머지 재료를 담은 후
   샐러드드레싱을 부어 고루 버무린다. 마지막에
   고수를 찢어 올린다.

TIP 샐러드드레싱을 부어 재료를 버무린 후 드레싱이
   당면에 배어들도록 10분 정도 두었다가 드세요.

Q 피시 소스가 액젓이에요?

피시 소스는 동남아시아 지역에서 주로 사용하는
양념이에요. 보통 멸치나 생선을 소금, 설탕과 함께
발효시켜 만들어 우리나라의 액젓이나 어간장보다 생선의
비린 맛이 덜하며, 부드럽고 단맛이 있어요

봄날의 맛
냉이솥밥

향긋한 봄나물 하면 냉이를 빼놓을 수 없죠. 솥밥을 지을 때 냉이를 듬뿍 올려보세요.
냉이는 살짝 데친 후 밥을 뜸 들일 때 넣어야 색도 예쁘고, 식감도 좋아요. ⓛ

재료(4인분)
쌀·물 2컵씩, 냉이 100g, 소금 약간, 된장
소스(된장·송송 썬 쪽파 2큰술씩, 다진
마늘·매실청·참기름 1큰술씩, 마요네즈 1과1/2큰술)

만들기
1 쌀은 씻어 약 20분간 불린다.
2 냉이는 깨끗이 씻어 끓는 물에 소금을 넣고 20~30초간
  데친 후 찬물에 담근다.
3 냉이를 건져 물기를 제거한 후 2cm 길이로 썬다.
4 솥에 분량의 쌀과 물을 넣고 센 불에 끓이다가 한소끔
  끓어오르면 약한 불로 줄이고 20분 후에 불을 끈다.
5 밥 위에 냉이를 올리고 뚜껑을 덮어 약 10분간 뜸을
  들인다.
6 분량의 재료를 섞어 된장 소스를 만든다.
7 뜸이 들면 뚜껑을 열고 소금을 뿌려 섞은 후 된장
  소스를 곁들인다.

TIP 압력 밥솥이나 전기 압력 밥솥을 쓸 때는 밥이 완성되면
    바로 냉이를 넣고 5분 정도 뜸을 들이세요.

Q 밥솥은 어디 거예요?
킨토의 '카코미 라이스 쿠커'예요. 솥 냄비
안에 물을 맞추는 선이 표시되어 있어
물의 양을 쉽게 맞출 수 있어요.

튀긴 마늘을 올린
두릅솥밥

봄나물 중에서 냉이만큼 대표적인 재료가 두릅이죠. 그런데 두릅을 어려운
재료로 생각해 멀리하는 사람이 의외로 많아요. 몸에 활력을 주어 피로 해소에
도움이 되고 단백질도 풍부한 두릅은 크게 산두릅(나무두릅), 땅두릅, 개두릅으로
나뉘어요. 그중에 산두릅을 넣어보았어요. 손질법도 어렵지 않아요. 튀긴 마늘을
올려 양념장에 슥슥 비비면 다른 반찬이 없어도 하염없이 먹게 되지요. Ⓛ

재료(4인분)
쌀·물 2컵씩, 산두릅 15개, 마늘 10톨, 식용유·버터·소금 약간씩, 양념장(간장·물·깨 1큰술씩, 고춧가루 1/2큰술, 참기름 2작은술, 송송 썬 쪽파 약간)

만들기
1 쌀은 씻어 약 20분간 불린다.
2 산두릅은 밑동을 잘라 굵은 가시를 떼어낸 후 깨끗이 씻고, 마늘은 얇게 편으로 썬다.
3 끓는 물에 약간의 소금을 넣고 두릅을 30초간 데친 후 찬물에 담가 식힌다.
4 팬에 식용유를 넉넉히 붓고 마늘을 튀기듯 익힌다. 빛깔이 노릇해지면 버터를 넣어 볶은 후 꺼낸다.
5 솥에 분량의 쌀과 물을 넣고 센 불에 끓이다가 한소끔 끓어오르면 약한 불로 줄이고 20분 후에 불을 끈다.
6 밥 위에 두릅을 올리고 뚜껑을 덮어 약 10분간 뜸을 들인다.
7 뜸이 들면 뚜껑을 열고 마늘을 고르게 올린다.
8 분량의 재료를 섞어 만든 양념장을 곁들여 낸다.

6

TIP 산두릅을 손질할 때 껍질 아랫부분을 다 잘라내고 순 부분만 사용하는 경우가 많아요. 껍질 속에도 두릅 순이 있으니 밑동만 조금 잘라내세요. 가시는 굵고 단단한 것만 제거하세요. 잔가시를 일일이 제거하면 순이 상하거든요. 두릅을 데치면 잔가시가 연해진답니다.

달걀구이를 넣은
냉이무스비

한창 유행하던 전복 김밥의 귀여운 모양에서 아이디어를 얻었어요.
앞에서 소개한 냉이솥밥과 다마고샌드위치의 촉촉한 달걀구이를 더한
냉이무스비입니다. Ⓛ

재료(4인분)
달걀구이(달걀 8개, 설탕 2큰술, 맛술 3큰술, 청주 1큰술,
간장 2작은술, 가쓰오부시 국물 1컵), 냉이밥(120p 참조)
1공기, 김밥용 김 4장, 참기름 1작은술, 참깨·소금 약간씩,
미소 된장 소스(아와세 미소 된장 2큰술, 맛술·청주·물
1큰술씩, 설탕 1작은술, 간장 1/2작은술)

만들기
1 볼에 달걀구이 재료를 넣고 잘 섞은 후 체에 내린다.
2 오븐 틀(17×17cm)에 종이 포일을 깔고 ①의 달걀물을
 붓는다.
3 ②에 종이 포일을 덮고 180℃로 예열한 오븐에 40분
 정도 굽는다.
4 달걀구이를 꺼내 식힌 후 무스비 틀 크기에 맞춰 자른다.
5 냉이밥에 참기름, 소금, 참깨를 넣고 고루 섞는다.
6 김밥용 김은 반으로 자른다.
7 분량의 미소 된장 소스 재료를 섞은 후 냄비에 넣고 약한
 불에 한소끔 끓인다.
8 무스비 틀에 랩을 깔고 김을 올린 다음 가운데에 냉이밥,
 미소 된장 소스, 달걀구이, 냉이밥 순으로 올린다.
9 무스비 틀로 모양을 잡은 후 꺼내 랩을 벗기고 먹기 좋은
 크기로 자른다.

TIP 가쓰오부시 국물은 정석대로 우리지 않고 뜨거운 물에
 국물용 가쓰오부시를 넣었다가 걸러서 쓰면 간편해요.

Dinner

가볍게 먹든 푸짐하게 먹든, 때로는 혼자 먹더라도 저녁은 근사했으면 좋겠어요.
생선 한 마리를 구워도 특별하게, 달걀이나 양파 등 흔한 재료로도 색다른 음식을
만들 수 있어요. 오븐이나 무쇠냄비에 조리한 따끈한 음식들, 상큼한 애피타이저,
와인 안주 등 저녁 시간을 위해 만들어보고 싶은 게 참 많아요.

크리스마스에는
로스트비프

로스트비프는 여럿이 푸짐하게 즐길 수 있는 오븐 요리예요. 채소를 함께
구워 곁들이면 푸짐하고 채소도 듬뿍 먹을 수 있어 좋아요. 채소는 큼직하게
썰어야 고기와 익는 속도도 맞출 수 있고, 담음새도 폼 나요. Ⓙ

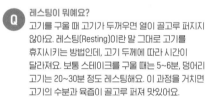

Q 레스팅이 뭐예요?

고기를 구울 때 고기가 두꺼우면 열이 골고루 퍼지지 않아요. 레스팅(Resting)이란 말 그대로 고기를 휴지시키는 방법인데, 고기 두께에 따라 시간이 달라져요. 보통 스테이크를 구울 때는 5~6분, 덩어리 고기는 20~30분 정도 레스팅해요. 이 과정을 거치면 고기의 수분과 육즙이 골고루 퍼져 맛있어요.

재료(4인분)

쇠고기 등심 또는 채끝(냉장육) 1kg, 주키니 호박 1/2개,
미니 당근 5~6개, 통마늘 2개, 아스파라거스 10대,
로즈메리 약간, 올리브오일·요리용 끈 적당량씩,
고기 양념(소금·후춧가루 1큰술씩, 올리브오일 2~3큰술),
채소 양념(소금·후춧가루 1/2큰술씩, 올리브오일 2~3큰술)

만들기

1 먼저 고기 끝을 끈으로 한 번 돌려 묶어 매듭을 지은 후
  아래로 엮듯이 감는다.

2 고기를 뒤집어 한 번 더 끈으로 엮듯이 감아 처음
  시작한 자리에 매듭을 짓는다.

3 올리브오일과 소금, 후춧가루를 섞은 양념을 고기
  전체에 골고루 바른 다음 로즈메리를 끈 사이에 넣고
  1시간 정도 실온에 둔다.

4 주키니 호박은 3~4cm 두께로 돌려가며 어슷썰기하고,
  아스파라거스는 질긴 밑동을 잘라낸 후 반으로 자른다.
  통마늘은 가로로 반 자르고, 미니 당근은 줄기를
  4~5cm 남기고 잘라내고 통째로 사용한다.

5 센 불로 달군 팬에 올리브오일을 두르고 고기를 올려
  사면을 돌려가며 2분씩 굽는다.

6 ⑤의 고기를 190℃로 예열한 오븐에 30분간 굽는다.

7 오븐에서 고기를 꺼내 고기 주변에 ④의 채소를 올리고
  올리브오일과 소금, 후춧가루를 뿌려 양념한 후 오븐에
  50분간 더 굽는다.

8 ⑦을 꺼내 채소는 접시에 옮겨 담고 고기는 알루미늄
  포일이나 뚜껑을 덮어 20~30분 레스팅한다.

TIP 양념을 바른 고기는 실온에 두었다가 구우세요.
    그래야 겉과 속의 온도가 같아져 골고루 익어요.
    레스팅할 때는 종이 포일보다 수분을 확실히
    잡아주는 알루미늄 포일이 좋아요.

겨울밤 뜨끈하게
포토푀

포토푀(Pot-au-feu)는 '불에 올려놓은 냄비(Pot on the Fire)'라는 뜻의
프랑스식 쇠고기 스튜예요. 냄비에 쇠고기와 좋아하는 채소들을 넣고 푹 끓이면
되지요. 만들기도 쉽지만 머스터드 소스와 쇠고기의 어울림이 무척 좋아요.
겨울밤을 뜨끈하게 해줄 음식이에요. **J**

재료
쇠고기 등심 700g, 양배추 1/4개, 양파 1개,
미니 당근 4~5개, 단호박·브로콜리 1/2개씩,
물 5컵, 소금·후춧가루 약간씩, 향신 재료(타임 5~6줄기,
통후추·정향 약간씩), 홀그레인 머스터드 소스 적당량

만들기
1 양파는 껍질을 벗겨 통째로 준비하고, 미니 당근은
   줄기를 4~5cm 남기고 자른다. 브로콜리는 통째로,
   양배추는 3등분하고, 단호박은 반으로 잘라 씨를
   파낸다.
2 냄비에 고기와 향신 재료, 물을 넣고 센 불에
   끓이다가 팔팔 끓으면 중간 불로 줄인다. 고기가
   3분의 2 정도 익을 때까지 30~40분 끓인다.
3 ②에 준비한 채소를 넣고 중간 불에 1시간 정도
   끓인다.
4 고기는 젓가락으로 찔러보아 핏물이 나오지 않으면
   건지고, 채소도 국자로 부서지지 않게 건져낸 후
   소금과 후춧가루로 육수의 간을 맞춘다.
5 고기와 채소는 썰어서 그릇에 담고, 육수는 체에
   걸러 향신 재료를 빼고 그릇에 붓는다. 홀그레인
   머스터드 소스를 곁들여 낸다.

TIP 채소는 큼직하게 썰어야 오래 끓여도
    뭉그러지지 않고 담았을 때 모양도 예뻐요.

Q **정향은 어디서 구입하나요? 안 넣어도 되나요?**
정향(Clove)은 수프나 카레 등을 만들 때 통째로 넣으면
특유의 향이 있어 풍미가 좋아져요. 대형 마트나 마켓컬리,
아이허브 같은 온라인 몰에서 팔아요. 정향이 없으면
통후추만 넣어도 됩니다.

상큼 달달 짭짤
오렌지오븐치킨

오렌지 치킨은 대학 시절 처음 배웠는데 그 맛이 입에 남아 수없이
만들어 먹었어요. 그 레시피를 응용해 오렌지와 간장을 베이스로 '단짠'
오렌지오븐치킨을 만들어봤어요. **L**

재료(4인분)

닭 날개·닭봉 300g씩, 칠리
파우더 1/6작은술, 소금·통후추
간 것 1/4작은술씩, 통마늘
4~5톨, 버터 50g, 식용유 2큰술,
오렌지 소스(오렌지 1개, 간장
6큰술, 꿀 2큰술, 다진 마늘 5큰술,
로즈메리·타임 등 허브 약간),
굵은소금 약간

만들기

1 닭 날개와 닭봉은 깨끗이 씻은 후 종이 타월로 물기를
제거한다.

2 ①에 소금, 통후추 간 것, 칠리 파우더를 뿌려 밑간한
후 냉장고에 30분 정도 넣어둔다.

3 오렌지는 굵은소금으로 문질러 씻은 후 끓는 물에
30초 정도 담갔다가 꺼낸다.

4 오렌지를 반으로 잘라 즙을 짠 후 나머지 소스 재료와
섞는다. 즙을 짜고 남은 오렌지는 버리지 않는다.

5 팬에 식용유를 두르고 닭 날개와 닭봉을 올려
센 불에서 60~70% 정도 익힌 후 꺼낸다.

6 오렌지 소스와 ⑤의 팬에 남아 있는 오일을 섞은 다음
구운 닭 날개와 닭봉을 버무린다.

7 오븐 팬에 ⑥을 담고 그 위에 버터를 조금씩 떠서
올린 후 ④의 오렌지를 올린다.

8 200℃로 예열한 오븐에 20분 정도 굽다가 꺼내
닭 날개와 닭봉을 뒤집어 남은 소스를 덧바른 다음
다시 10~15분 정도 굽는다.

9 오븐의 온도를 240℃로 올린 후 10분 더 굽는다.

TIP 닭고기를 초벌구이한 팬에 남은 오일을 소스와 섞으면
감칠맛이 더해져요. 남은 오렌지를 닭고기 위에
올리면 오렌지 향이 은근하게 배어 좋아요.

Q 집에 귤이 많은데 오렌지 대신 귤을
사용해도 될까요?
귤은 오렌지보다 당도가 높아 오렌지의
상큼한 맛이 나지 않아요. 귤을 사용하려면
새콤한 맛의 극조생귤을 쓰세요.

버터에 구운 가자미 솔뫼니에르

영화 <줄리 & 줄리아>에서 인상적인 요리 중 하나가 솔뫼니에르였어요. 버터에 구운 프랑스식 가자미구이지요. 담백한 가자미에 버터의 풍미가 배어들면 줄리아의 말처럼 남편에게 한 입 허락하는 게 쉽지 않은, 온전히 나만 먹고 싶은 요리가 탄생한답니다. 가시를 깨끗이 발라내고 행복해하는 그녀의 표정을 보며 갑자기 만들어보고 싶어졌어요. **J**

재료

가자미 1마리, 버터 50g, 마늘 3톨, 딜·소금·후춧가루 약간씩

만들기

1 가자미는 씻어서 소금을 약간 뿌린다. 마늘은 칼등으로 으깬다.

2 팬에 버터를 넣고 중간 불에 녹인다. 버터가 녹으면 칼로 으깬 마늘과 허브 딜을 넣고 볶아 향을 낸다.

3 달군 팬에 가자미를 올려 중간 불에 굽는다. 이때 껍질 부분을 먼저 4~5분 정도 구운 후 노릇해지면 뒤집어서 5분 정도 굽는다.

4 팬에 남아 있는 버터를 끼얹어가며 다시 한번 뒤집어 앞뒤로 5분 정도씩 윤기 나게 굽는다.

TIP 버터의 맛이 중요한 요리이므로 풍미가 좋은 버터를 쓰는 것이 포인트예요. 이즈니 버터나 기 버터를 추천해요. 버터는 발연점이 낮아 쉽게 타기 때문에 약한 불에 녹여주세요.

매콤하고 깊은 맛
토마토바지락스튜

추운 날, 따뜻한 위로가 필요한 날엔 스튜만 한 게 없지요. 토마토바지락스튜는
만드는 법이 간단해요. 토마토를 넣고 끓이기만 하면 깊은 맛의 바지락 스튜가
돼요. 레드 페퍼나 고추를 넣어 매콤하게 즐겨보세요. Ⓙ

재료
바지락 또는 모시조개 300g, 다진 마늘·우스터 소스
1큰술씩, 크러시드 레드 페퍼 1/2~1큰술, 간장 2큰술,
화이트 와인 250ml, 홀토마토 1/2캔(약 150g),
마카로니 30g, 올리브오일·파슬리·굵은소금 약간씩

만들기
1 바지락은 흐르는 물에 바락바락 씻어 볼에 담아
  물을 부은 후 굵은소금을 한 숟가락 정도 넣고
  천으로 덮어 어둡게 해 냉장고에 넣어 해감한다.
2 냄비에 올리브오일을 두르고 다진 마늘, 크러시드
  레드 페퍼, 물기를 제거한 바지락을 넣고 볶다가
  화이트 와인을 넣는다.
3 바지락이 입을 벌리기 시작하면 마카로니를 넣고
  같이 끓인다.
4 홀토마토와 간장, 우스터 소스를 넣고 10~15분 정도
  끓이면서 홀토마토를 으깬다.
5 마카로니가 익고 재료의 맛이 우러나면 그릇에
  담고 파슬리를 찢어 올린다.

TIP 맛을 보아 새콤한 맛이 강하면 설탕을 1작은술
    넣어주세요. 화이트 와인은 드라이한 것을 사용하세요.
    단것을 쓰면 요리의 맛을 해칠 수 있어요.

스페인식 문어구이
풀포

스페인에 처음 갔을 때는 음식이 맛있다고 생각하지 않았어요. 그때는
가난한 배낭여행자다 보니 맛있는 식당을 가지 못해서 그랬던 것 같아요.
요리를 하면서 다시 찾은 스페인은 미식의 나라였어요. 풀포(Pulpo)는
스페인어로 '문어'라는 뜻인데, 시즈닝해 구운 문어를 익힌 감자와 곁들여
먹는 스페인식 요리예요. 와인 안주로 최고지요. Ⓙ

재료
자숙 문어 다리·감자 2개씩, 올리브오일·식용유
적당량씩, 시즈닝(소금 4작은술, 설탕 3작은술,
파프리카 파우더 2작은술, 카엔페퍼 1작은술) 2큰술

만들기
1 감자는 껍질을 벗겨 찐 다음 약 3cm 두께로 썬다.
2 분량의 시즈닝 재료를 섞는다.
3 문어 다리에 올리브오일을 바른 후 시즈닝을 문질러
   바른다
4 감자에 올리브오일과 시즈닝을 살짝 뿌린 후
   버무린다.
5 팬에 식용유를 넉넉히 두르고 문어 다리를 앞뒤로
   노릇하게 굽는다. 타지 않도록 중간 불에 앞뒤로
   돌려가며 잘 익힌다.
6 문어를 꺼내고 감자를 살짝 구워 시즈닝의 날가루
   맛을 없앤다.
7 문어 다리를 먹기 좋은 길이로 잘라 감자와 함께
   그릇에 담고 올리브오일을 조금 뿌린다.

TIP 시즈닝은 소금:설탕:파프리카 파우더:카엔페퍼를
    4:3:2:1의 비율로 섞어 만들어요. 스테이크를 구울
    때 활용해도 돼요.

Q 카엔페퍼가 뭔가요?

카엔페퍼는 남아메리카에서 나는 작은 고추를 말려서
간 것으로 향신료의 일종이에요. 파프리카 파우더는
붉은 파프리카를 말려서 간 것이고요. 카엔페퍼와
파프리카 파우더가 없다면 소금:설탕:칠리 파우더를
3:2:1의 비율로 섞어 사용해도 돼요.

진득한 치즈의 맛
어니언수프

어니언수프를 정석대로 만들려면 쇠뼈를 구워 육수를 내야 해요. 여기서는 갈색이 나게 볶은 양파와 치킨 육수로 맛을 냈어요. 어니언수프는 토핑하는 치즈가 중요한데, 에멘탈 치즈나 그뤼에르 치즈를 추천해요. Ⓙ

재료

양파 2개, 버터 30g, 올리브오일 2큰술, 화이트 와인 1/4컵,
설탕 1작은술, 치킨 스톡 900ml, 소금·후춧가루 약간씩,
토핑 재료(바게트 약간, 에멘탈 치즈 또는 그뤼에르 치즈 간 것 100g)

만들기

1 양파는 얇게 채 썰어 버터와 올리브오일을 두른 냄비에 넣고 갈색이 나도록 중약불에 볶는다. 양파 빛깔이 투명해지기 시작하면 설탕을 넣어 양파의 캐러멜화를 돕는다.

2 치킨 스톡과 화이트 와인을 부은 다음 소금, 후춧가루를 살짝 뿌리고 15~20분 정도 끓인다.

3 팬에 올리브오일을 두르고 바게트를 굽는다.

4 그릇에 수프를 담고 구운 바게트를 올린 후 치즈를 뿌린다.

5 ④를 220℃로 예열한 오븐에 넣고 치즈가 녹을 때까지 10분 정도 조리한다.

TIP 어니언수프의 맛은 양파를 얼마나 잘 볶았느냐에 달려 있어요. '이렇게 오래?'라는 생각이 들 만큼 오래 볶아야 해요. 채 썬 양파를 전자레인지에 4~5분 이상 익힌 후 팬에 볶으면 시간을 줄일 수 있어요.

양파를 꽃처럼
블루밍어니언

예전에 패밀리 레스토랑 아웃백스테이크하우스에 블루밍어니언이라는 메뉴가
있었는데 언제부터인가 사라졌더라고요. 그래서 만들어보았어요. 보통 블루밍어니언은
큰 양파로 만들지만, 양파가 크면 실패하기 쉽고 요리하기도 번거로워 햇양파를
사용했어요. 햇양파는 사이즈가 작아 블루밍어니언을 만들기 좋아요. Ⓐ

재료

양파(작은 것)·달걀 3개씩, 밀가루 1컵, 옥수수
전분·녹말가루 1/4컵씩, 파프리카 파우더·칠리
파우더·다진 마늘·소금 1작은술씩, 소스(마요네즈 6큰술,
토마토케첩·호스래디시 1큰술씩, 파프리카 파우더
1작은술, 소금·후춧가루 약간씩), 식용유 적당량

만들기

1 양파는 껍질을 벗겨 뿌리 부분만 잘라낸 후
　반대편에서 끝부분을 1~1.5cm 정도 남기고 십자
　모양으로 깊게 칼집을 낸다. 그렇게 중심을 잡은 후
　다시 12등분이 되게 칼집을 낸다.
2 볼에 각종 가루와 다진 마늘을 넣어 잘 섞고,
　달걀은 다른 볼에 소금을 넣고 잘 풀어놓는다.
3 분량의 재료를 섞어 소스를 만든다.
4 칼집 낸 양파에 ②의 가루→달걀→가루 순으로
　튀김옷을 입힌다.
5 팬에 식용유를 넣고 180℃로 예열한 후 양파를
　넣어 튀긴다. 이때 벌어진 부분이 위를 향하게 넣어
　튀기다가 뒤집어 모든 면을 노릇하게 튀긴다.
6 튀긴 양파를 그릇에 담고 소스를 곁들인다.

TIP 튀김옷을 입히는 과정이 중요해요. 칼집 낸 부분을
　　벌려가면서 사이사이에 가루와 달걀을 골고루 묻히세요.
　　튀길 때도 벌어진 부분을 위로 가게 해서 튀겨야 모양이
　　예쁘게 잡혀요.

돌돌 만 라사냐
라사냐롤업

미국에서 자란 남편은 솔 푸드(Soul Food)가 라사냐래요. 코티지 치즈가
꼭 들어가야 한다는 주문대로 라구 소스와 코티지 치즈를 넣은 레시피예요.
보통 라사냐는 면과 재료를 층층이 쌓아 만드는데, 재료를 넣고 돌돌 마는
라사냐롤업으로 색다르게 만들어봤어요. J

재료(4인분)
라구 소스 2~3컵(18p 참조), 라사냐 면 8장,
코티지 치즈(74p 참조)·체더 치즈 간 것 1컵씩,
생모차렐라 치즈·바질 적당량씩, 굵은소금 약간

만들기
1 냄비에 물을 넉넉하게 붓고 끓이다가 팔팔 끓으면
  굵은소금을 1~2큰술 넣고 라사냐 면을 넣어 삶는다.
  이때 포장지에 적힌 시간보다 1~2분 짧게 삶는다.
2 삶은 라사냐 면 위에 라구 소스와 코티지 치즈를
  겹치지 않게 한 스푼씩 올린 후 라구 소스 위에
  바질을 올리고 돌돌 만다.
3 오븐 그릇에 돌돌 만 라사냐 면을 촘촘히 담고 위에
  체더 치즈와 생모차렐라 치즈를 듬뿍 뿌린다.
4 220℃로 예열한 오븐에 10~15분 정도 굽는다.
5 오븐에서 꺼내 바질을 찢어 올려 낸다.

TIP 라사냐에 올리는 치즈는 체더 치즈를 기본으로 하되,
  냉장고에 남아 있는 다른 치즈를 더해도 돼요. 풍성한
  맛을 즐길 수 있답니다.

홍콩에서 발견
그릴드페퍼

홍콩의 유명한 타파스 레스토랑에서 그릴드페퍼를 만났어요. 통째로 구운
고추는 비주얼도 먹음직스러웠지만 아삭한 식감과 콤콤한 맛이 인상적이었지요.
이 메뉴를 응용해 미니 파프리카로 만들어봤어요. Ⓙ

재료(4인분)

미니 파프리카 10개(파프리카 4~5개), 피시 소스
2큰술, 물·설탕 1큰술씩, 마늘 4~5톨, 태국 고추(또는
크러시드 레드 페퍼) 4~5개, 고수·식용유 약간씩

만들기

1 마늘은 굵직하게 썬다. 태국 고추는 젖은 종이 타월로
  닦는다.
2 팬에 식용유를 두르고 굵직하게 썬 마늘과 태국
  고추를 넣어 향이 나도록 볶는다.
3 ②에 파프리카를 넣고 앞뒤가 노릇해지도록 센 불에
  굽는다.
4 ③에 설탕을 뿌리고 피시 소스와 물을 넣어 재빨리
  볶는다. 설탕이 녹고 양념이 배어들면 불을 끈다.
5 ④를 그릇에 담고 고수를 찢어 올린다.

TIP 파프리카는 센 불로 단시간에 구워야 식감이 좋아요.
　　모든 채소볶음에 응용되는 룰이에요.

언제 먹어도 맛있는
닭강정

튀긴 닭을 누가 싫어할 수 있겠어요. tvN 예능 프로그램 <윤식당>에서 닭강정을
선보이자 외국인들의 반응이 폭발적이었는데요, 그 방송을 보고 닭강정 만들어 먹기
열풍이 불었지요. 언제 어디서 먹어도 맛있는 닭강정, 기본 버전으로 만들어볼게요. Ⓐ

재료

닭고기(살코기) 300g, 튀김 가루 1컵, 물 160ml,
다진 마늘 1작은술, 청주 1큰술, 소금·후춧가루
약간씩, 감자 전분 적당량, 땅콩 5~6알,
양념장(고추장·물엿·토마토케첩 2큰술씩,
설탕·맛술·다진 마늘 1큰술씩, 땅콩 다진 것 약간)

만들기

1 닭고기는 씻어서 껍질 사이의 지방을 제거한 후 한 입
  크기로 썬다.
2 닭고기를 다진 마늘, 청주, 소금, 후춧가루로 밑간해
  냉장고에서 30분 이상 재운다.
3 땅콩은 도마 위에 종이 타월을 깔고 대강 다진다.
4 튀김 가루와 물을 섞어 튀김옷을 만든다.
5 닭고기에 감자 전분을 묻힌 후 튀김옷을 고루 입힌다.
6 180℃의 식용유에 노릇하게 튀긴 후 건졌다가 한 번
  더 살짝 튀긴다.
7 분량의 양념장 재료를 잘 섞어 팬에 넣고 끓인다.
8 양념장이 보글보글 끓어오르면 튀긴 닭고기를 넣고
  고루 버무린다.
9 닭고기 위에 다진 땅콩을 뿌린다.

TIP 닭고기에 전분을 묻힐 때 지퍼백을 이용하면
    쉬워요. 지퍼백에 전분과 닭고기를 넣고
    공기를 빵빵하게 채워 흔들면 소량의
    전분으로 고르게 묻힐 수 있어요.

짭조름하고 보들보들한
몽골리안비프

쇠고기 등심을 얇게 썰어 짭조름하게 볶는 중국식 고기볶음이에요. 보통
청경채를 곁들이는데, 저는 더 간편하게 쪽파를 사용했어요. 여기에 밥이나
면을 곁들이면 든든한 한 끼가 돼요. Ⓙ

재료
쇠고기 등심 300g, 감자 전분 4~5큰술,
맛술 2큰술, 쪽파·식용유 적당량씩, 양념(간장
2큰술, 굴 소스·맛술 1큰술씩, 설탕·다진 마늘
1과1/2큰술씩, 참기름 1/2큰술)

만들기
1 고기는 3~5mm 두께로 썰어 맛술에 10분 정도
  재운 후 감자 전분을 묻힌다. 쪽파는 손가락 길이로
  썬다.
2 팬에 식용유를 두르고 쪽파를 센 불에 숨이 죽지
  않을 정도로 살짝 볶는다.
3 달군 팬에 식용유를 넉넉히 두르고 고기를 펴서
  굽는다. 이때 핏물이 나오지 않을 정도로만 양면을
  살짝 구운 후 꺼내 체에 밭친다.
4 ③의 팬에 남아 있는 식용유를 버리고 양념 재료를
  모두 넣어 끓인다. 양념이 끓기 시작하면 고기를
  넣어 1~2분 정도 재빨리 볶는다.
5 그릇에 고기를 담고 쪽파를 올린다.

TIP 고기에 전분을 묻힐 때 지퍼백에 전분과 고기를
    함께 넣고 흔들어 섞으세요. 가루도 떨어지지
    않고 손에도 묻지 않아 깔끔해요.

Q 쇠고기 대신 돼지고기를 사용해도 되나요?
돼지고기를 쓰면 식감이 달라져요. 몽골리안비프는
고기를 살짝 익혀 부드러운 식감을 즐기는 메뉴이니만큼
쇠고기를 추천해요.

파 향을 즐겨요
연어파채찜

찐 생선에 파채를 올리고 그 위에 뜨거운 오일을 부어 파 향을 즐기는 요리예요.
메이 선생님 어머니의 레시피인데 성시경 씨가 <해피투게더 3 야간매점>에서
'잘자어'라는 이름으로 이런 생선찜을 해서 많이 알려졌어요. Ⓐ

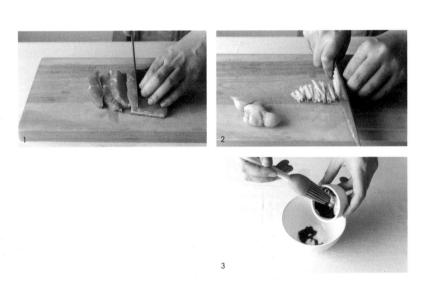

Q 어떤 오일을 쓰는 게 좋을까요?
파채의 향을 내야 하므로 올리브오일처럼 향이 있는
것보다는 포도씨오일이나 콩기름을 사용하세요.

5

6

재료

연어 300g 한 토막, 대파 1대(파채 1컵 분량),
생강 2톨, 포도씨오일 1/3컵, 청주 약간, 물 적당량,
소스(굴 소스 1/2큰술, 간장·설탕 1/2작은술씩,
소금 1/3작은술, 녹말가루 1작은술)

만들기

1 연어는 씻어서 종이 타월로 물기를 닦은 후 도톰하게
  썬다.
2 생강은 채 썰고, 대파는 씻어서 파채칼로 썬다.
3 분량의 재료를 섞어 소스를 만든다.
4 냄비에 물과 청주를 넣고 찜기를 올려 면보 또는
  유산지를 깐다.
5 연어를 올리고 소스를 바른 후 생강채를 뿌린다.
6 연어를 찜기에 3~4분간 찌는 동안 팬에 포도씨오일을
  끓인다.
7 찐 연어를 꺼내 접시에 담고 파채를 올린 후 위에
  끓인 포도씨오일을 붓는다.

TIP 연어파채찜은 포틀럭 파티 메뉴로 좋아요. 찐
    연어를 준비해가서 모임 장소에서 파채를 올리고
    끓인 오일을 부어보세요. 파채 위에 오일 붓는
    '맛있는 소리'가 파티의 애피타이저가 된답니다.

드레싱을 바꾸면
석화파티

석화는 어떤 소스를 사용하느냐에 따라 레스토랑에서 내는 듯한 근사한 메뉴가
되기도 해요. 타바스코 소스를 뿌려 먹거나, 치즈를 얹어 구워 먹어도 좋아요.
여기서는 화이트 와인 비니거와 셜롯이 들어간 미뇨네트 드레싱을 응용해
소스를 만들어볼게요. **J**

재료(4인분)
석화 20개, 레몬 1개, 드레싱 1(화이트 와인 비니거 3큰술,
유자청 1큰술, 셜롯 2개, 딜 약간),
드레싱 2(화이트 와인 비니거 3큰술, 오미자청 1작은술,
셜롯 2개, 석류 1/4개), 굵은소금 적당량

만들기
1 석화는 한쪽 껍질을 제거한 반각석화를 구입한다.
  과도로 굴을 발라낸 후 소금물에 넣어 부서지지 않게
  살살 씻고, 겉껍질은 솔이나 칫솔로 문질러 불순물을
  제거한다. 껍질 위에 손질한 굴을 얹어 준비한다.
2 레몬은 굵은소금으로 문질러 씻은 후 세로로
  6등분하고, 셜롯은 잘게 다지고, 석류는 반으로 갈라
  석류 알만 발라둔다.
3 각 드레싱 재료를 잘 섞어 준비한다.
4 접시에 석화를 담고 레몬을 올린다. 석화 위에 두 가지
  드레싱을 각각 얹어 낸다.

TIP 석화를 플레이팅할 때 접시에 굵은소금을 깔고
  석화를 올리면 움직이지 않아요. 드레싱을 만들
  때 셜롯(미니 양파)이 없으면 양파를 다져 찬물에
  담가 매운맛을 뺀 후 사용해도 돼요.

Q 두 가지 드레싱의 맛이 궁금해요
새콤달콤한 드레싱이에요. 색감과
단맛을 더하기 위해 각각 유자청과
오미자청을 넣었어요. 석류는
크리미한 굴과 함께 먹으면 톡톡
터져서 상큼하고 재밌어요.

중남미 스타일로
관자세비체

세비체는 신선한 해산물을 회처럼 얇게 썰어 레몬즙이나 라임즙에 재워 먹는
중남미 요리예요. 관자를 포 뜨듯 썰어 새콤한 드레싱에 재워 먹으면 화이트
와인과 잘 어울리는 메뉴가 되지요. **J**

재료(4인분)
관자 2개, 적양파 1/2개, 절인 올리브 3~4개, 완두 순
약간, 드레싱(오렌지즙·레몬즙 2큰술씩, 식초·설탕
3큰술씩, 올리브오일 3~4큰술, 소금·후춧가루 약간씩)

만들기
1 관자는 흐르는 물에 씻어 포를 뜨듯 얇게 썬다.
2 적양파는 얇게 채 썰고, 절인 올리브는 세로로
　 4등분한다.
3 올리브오일을 제외한 드레싱 재료를 모두 섞어
　 설탕이 녹을 때까지 저은 후 마지막에 올리브오일을
　 넣는다.
4 관자와 준비한 재료를 그릇에 담고 드레싱을 뿌려
　 냉장고에 20분 정도 넣었다가 꺼낸다.
5 완두 순을 올린다.

TIP 관자세비체 같은 상큼한 해산물 요리에는 소비뇽
　　 블랑이나 카바 등 가벼운 화이트 와인이 잘
　　 어울려요. 채소는 완두 순 대신 고수나 어린잎을
　　 얹어도 됩니다.

구우면 와인 안주
살구치즈구이

여름 과일 살구, 생으로 먹어도 맛있지만 한번 구워 드셔보세요. 새콤한 살구에
치즈와 견과류를 올려 오븐에 구우면 훌륭한 와인 안주가 된답니다. Ⓛ

재료
살구 6개, 버터 30g, 황설탕 1과1/2큰술, 치즈(카망베르,
브리 등) 적당량, 아몬드 3알, 곁들임 재료(꿀 1큰술,
후춧가루·계핏가루·딜 약간씩)

만들기
1 살구는 씻어서 반으로 잘라 씨를 뺀다.
2 아몬드는 도마에 종이 타월을 깔고 대강 다진다.
3 오븐 팬에 살구를 담고 살구 가운데에 버터를 조금씩
　떠 올린다.
4 ③에 황설탕을 뿌린 후 200℃로 예열한 오븐에
　10분간 굽는다.
5 버터가 녹은 자리에 준비한 치즈를 얹고 다진
　아몬드를 뿌린 후 다시 오븐에 5분간 굽는다.
6 꿀, 후춧가루, 계핏가루를 뿌리고 딜을 올린다.

TIP 살구구이에는 브리나 카망베르처럼
　　마일드한 맛의 치즈가 잘 어울려요.

샐러드의 클래식
시저샐러드

샐러드의 대표 격인 시저샐러드는 누구나 좋아하는 메뉴예요. 안초비가 들어가
짭조름한 시저 드레싱 덕분에 채소를 한없이 먹게 되죠. **L**

재료(4인분)

로메인 3포기, 삶은 달걀 2개, 베이컨 3장,
크루통 5~6개, 파르미자노 레자노 치즈 약간,
시저 드레싱(안초비 3쪽, 마요네즈·파르미자노 레자노
치즈 3큰술씩, 레몬즙 1큰술, 우스터 소스·디종 머스터드
소스 1작은술씩, 달걀노른자 1개, 다진 마늘 1톨 분량,
올리브오일 3과1/2큰술, 소금·후춧가루 약간씩)

만들기

1 베이컨은 1cm 폭으로 잘라 달군 팬에 식용유를
   두르지 않고 굽는다.

2 시저 드레싱 재료 중 안초비는 칼등으로 찢어 작게
   자른다.

3 올리브오일을 제외한 시저 드레싱 재료를 잘 섞고
   마지막에 올리브오일을 넣어 섞는다.

4 로메인은 깨끗이 씻어 물기를 제거하고 손으로 뜯어
   그릇에 담는다.

5 구운 베이컨과 크루통을 넣고, 삶은 달걀은 세로로
   4등분해 넣는다.

6 시저 드레싱을 뿌려 골고루 섞은 후 파르미자노
   레자노 치즈를 갈아 뿌린다.

TIP 크루통이 없으면 식빵을 작은 주사위 모양으로 썬
   후 올리브오일을 두르고 200℃로 예열한 오븐에
   5~10분 정도 구워 사용하세요.

Q 안초비는 잘못 사면 너무 짜던데, 어떤 걸
사는 게 좋은가요?
올리브오일에 절인 리졸리 브랜드의
안초비를 추천해요.

언제나 환영
감자치즈오븐구이

치즈와 감자의 조합은 싫어할 수 없는 조합이죠. 얇게 슬라이스한 감자를 치즈와 섞어 구운 감자치즈오븐구이는 어떤 요리와 함께 먹어도 잘 어울리지만, 특히 메인 메뉴가 고기일 때 제격이에요. 오븐에 넣어두고 다른 일을 할 수 있기 때문에 손님 초대한 날처럼 여러 가지 요리를 동시에 해야 할 때 좋은 메뉴예요. Ⓐ

1

2

3

4

5

재료

감자 4개, 다진 마늘 1큰술, 로즈메리 2~3줄기,
올리브오일·버터 3큰술씩, 소금 1/2작은술,
체더 치즈 3/4컵, 파르메산 치즈 1/4컵

만들기

1 감자는 껍질을 벗긴 후 슬라이서를 이용해 최대한 얇게
  슬라이스한다.
2 버터는 그릇에 담아 뚜껑을 덮고 전자레인지로 30초
  정도 녹여 올리브오일, 다진 마늘, 소금을 넣고 잘
  섞는다.
3 볼에 슬라이스한 감자와 ②의 소스, 체더 치즈를 넣고
  잘 버무린다.
4 로즈메리를 손으로 잘게 찢어 넣고 섞는다.
5 오븐 그릇에 버무린 감자를 담고 위에 파르메산 치즈를
  뿌린다.
6 180℃로 예열한 오븐에 1시간 30분 정도 굽는다.

TIP 오븐 그릇에 버무린 감자를 일렬로 줄을
    세워 담으면 굽는 시간이 단축돼요.

이자카야 그 메뉴
치킨가라아게

가라아게(からあげ)는 이자카야나 일본 영화에 자주 등장하는 메뉴예요. 보통
튀김을 할 때 밀가루에 물을 섞어 만든 튀김옷을 입히잖아요. 가라아게는
튀김옷 대신 전분이나 밀가루를 묻혀 튀기는 요리법을 말해요. 다양한 재료로
가라아게를 만들 수 있지만, 가라아게의 대명사는 바로 치킨이죠. Ⓐ

재료
닭 다릿살 300g, 감자 전분 1컵, 식용유 적당량,
밑간 양념(간장 1큰술, 맛술·청주·생강 간 것 1작은술씩,
소금·후춧가루 약간씩)

만들기
1 닭 다릿살은 씻어서 기름을 떼어낸 후 한 입 크기로
  자른다.
2 분량의 재료를 섞어 만든 밑간 양념에 닭 다릿살을
  버무린 다음 냉장고에 1시간 정도 넣어둔다.
3 닭 다릿살에 감자 전분을 골고루 묻힌다.
4 160℃의 식용유에 닭 다릿살을 노릇하게 튀긴 후
  180℃에서 한 번 더 튀겨낸다.

TIP 가라아게가 남으면 가라아게동(덮밥)을 만들어보세요.
  팬에 양념(다시마 우린 물 1/2컵, 간장 2큰술, 맛술
  1큰술, 청주 1/2큰술, 설탕 1작은술)과 채 썬 양파를 넣고
  끓이다가 가라아게를 넣어요. 마지막에 달걀을 풀어
  붓고 뚜껑을 덮어 익힌 후 밥에 올려주세요.

Q 왜 두 번 튀기나요? 소스 없이 먹어요?
두 번 튀겨야 더 바삭해요. 두 번째 튀길 때는 1분
미만으로 기름에 넣었다가 건져내는 정도로 살짝
튀기세요.

소스가 특별해요
굴튀김

굴 철이 되면 꼭 해 먹는 요리가 굴튀김이에요. 바삭한 빵가루 속의 부드럽고
따뜻한 굴튀김은 그냥 먹어도 맛있지만, 유자소금과 와사비 크림 소스를 찍어
먹으면 색다른 맛을 즐길 수 있어요. Ⓛ

재료
생굴 300g, 밀가루 1/2컵+5큰술, 달걀 1개, 빵가루
1컵, 식용유 적당량, 와사비 크림 소스(고추냉이
2작은술, 사워크림·다진 양파 3큰술씩,
마요네즈 2큰술, 설탕 1/2작은술, 레몬즙 1작은술,
소금·후춧가루 약간씩), 유자소금(28p 참조)

만들기
1 굴은 밀가루 1/2컵을 뿌려 가볍게 뒤적이다가 물에
　깨끗이 씻는다.
2 볼에 달걀을 넣고 푼 다음 굴에 밀가루, 달걀,
　빵가루 순으로 튀김옷을 입힌다.
3 ②의 굴을 180℃의 식용유에 노릇하게 튀긴다.
4 분량의 재료를 섞어 와사비 크림 소스를 만든다.
5 그릇에 굴튀김을 담고 유자소금과 와사비 크림
　소스를 곁들인다.

TIP 굴에 빵가루를 묻힐 때 손으로 꾹꾹
　　눌러가며 모양을 잡아주세요. 그래야 튀길
　　때 굴 모양이 흐트러지지 않아요.

닭고기도 스테이크처럼
닭고기고추장구이

닭고기 고추장 양념이라고 하면 닭갈비가 생각나지요. 양념은 비슷하지만 이 메뉴는 닭고기를 덩어리째 굽고, 더덕구이를 곁들여 스테이크 느낌을 냈어요. 같은 재료도 모양이나 담는 방법에 따라, 조합에 따라 색다른 음식으로 탄생한답니다. Ⓐ

재료

닭고기(살코기) 300g, 대파 1대, 더덕 5~6개,
참기름·식용유 약간씩, 닭고기 양념(고추장 4큰술,
고춧가루·간장·맛술 2큰술씩, 설탕 3큰술, 다진 마늘
1큰술), 더덕 양념(간장 2큰술, 설탕 1큰술, 참기름 약간)

만들기

1 분량의 재료를 잘 섞어 닭고기 양념을 미리 만든다.

2 닭고기는 씻어서 껍질은 두고 지방만 떼어낸 후 닭고기 양념에 재워 냉장고에 30분 정도 둔다.

3 대파는 흰 부분만 잘라 5~6cm 길이로 얇게 채 썬 후 찬물에 담가둔다.

4 더덕은 세로로 반 잘라 면보에 싸서 밀대로 두들긴 다음 참기름을 발라 팬에 살짝 굽는다.

5 분량의 더덕 양념을 섞어 구운 더덕에 끼얹어가며 다시 한번 굽는다.

6 팬에 식용유를 두르고 닭고기를 올린 후 뚜껑을 덮고 약한 불에 굽는다.

7 구운 닭고기는 먹기 좋게 자르고, 더덕구이도 얇게 찢어 그릇에 담는다. 파채를 건져 곁들인다.

TIP 더덕은 초벌구이한 후 양념장을 발라야 간이 잘 배어요. 닭고기는 양념 때문에 타기 쉬우니 약한 불에 뒤집어가며 구우세요.

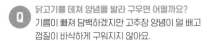

Q 닭고기를 데쳐 양념을 발라 구우면 어떨까요?
기름이 빠져 담백하겠지만 고추장 양념이 덜 배고 껍질이 바삭하게 구워지지 않아요.

중국식으로
통가지구이

TV에서 스치듯, 중국 길거리에서 가지를 통째로 구워주는 장면을 봤어요. 너무 맛있어 보이더라고요. 거기서 영감을 받아 만들어봤어요. Ⓐ

재료

가지 2개, 부추 한 줌, 식용유 4큰술+적당량, 두반장·다진 파·다진 양파 2큰술씩, 간장·고춧가루 1큰술씩, 다진 마늘 1작은술, 물 약간

만들기

1 가지는 씻어 물기를 닦고, 부추는 씻어서 총총 썬다.
2 팬에 식용유를 넉넉히 두르고 가지를 통째로 굴려가며 중간 불에 굽는다.
3 가지의 표면이 노릇해지면 물을 조금 붓고 뚜껑을 덮어 속까지 익힌다.
4 소스 팬에 식용유 4큰술을 두르고 다진 파, 다진 양파, 다진 마늘을 넣어 볶는다.
5 ④에 고춧가루, 두반장, 간장을 넣어 볶다가 부추를 넣어 섞고 불을 끈다.
6 가지를 세로로 길게 칼집 내어 벌린 후 ⑤의 양념을 끼얹는다.

TIP 달군 팬에 물을 부으면 기름이 엄청 튀어요. 물을 붓고 재빨리 뚜껑을 덮으세요. 손님상에 낼 때는 가지를 통째로 담아낸 후 테이블 위에서 잘라보세요. 김이 모락모락 올라올 때 양념장을 끼얹으면 더욱 먹음직스럽답니다.

무를 주인공으로
겨울무구이

달고 맛있는 겨울 무. 생선조림에도 넣고 무밥을 만들어도 좋지만, 무만 구워도
어엿한 요리가 될 수 있어요. 무를 데쳐 간장과 미소 된장 두 가지 소스를 발라
구운 이 메뉴는 술안주로도, 반찬으로도 좋아요. Ⓛ

TIP 무를 익힐 때 쌀을 함께 넣으면 매운맛이
사라지고 단맛이 강해져요. 쌀이
매운맛을 흡수하거든요.

2

3

4

5

재료

무 1/2개, 쌀 2큰술, 구운 김 1장, 물 적당량, 간장 소스(간장 2큰술, 청주·맛술 1큰술씩), 미소 된장 소스(미소 된장 5큰술, 가쓰오부시 다시 3큰술, 청주·맛술 1큰술씩)

만들기

1 무는 깨끗이 씻어 3cm 두께로 자른다.
2 무를 원형 틀(지름 6cm)로 눌러 동그란 모양을 만든다.
3 필러나 칼로 무의 위아래 모서리를 둥글게 다듬는다.
4 각 분량의 재료를 섞어 간장 소스와 미소 된장 소스를 만든다.
5 냄비에 물을 넉넉하게 붓고 끓이다가 무와 쌀을 넣어 80% 정도 익힌다.
6 무를 건져내 석쇠나 팬에 올려 두 가지 소스를 각각 발라가며 약한 불에 굽는다.
7 김을 가로세로 3×3cm 크기로 잘라 무 위에 올린 후 소스를 한 번 더 바른다.

푸딩처럼 부드러운
조개달걀찜

부드럽고 촉촉한 일본식 달걀찜 '자완무시(ちゃわんむし)'에 조갯살과 육수를
넣어 감칠맛을 더한 달걀찜이에요. 푸딩처럼 부드러워 모두가 좋아하는
메뉴지요. 파티 할 때 애피타이저로 내면 좋아요. Ⓛ

재료(4인분)
달걀 4개, 모시조개 12개, 물 500ml,
간장 양념(간장·맛술·청주 1큰술씩, 소금 약간),
굵은소금 약간

만들기

1 모시조개는 굵은소금으로 문질러 깨끗이 씻은 후
   검은 봉지에 싸서 반나절 정도 해감한다.
2 냄비에 모시조개와 물을 넣고 끓이다가 조개가
   입을 벌리면 바로 건져낸다.
3 조갯살을 발라놓고 조개 육수는 냉장고에 넣어
   식힌다.
4 볼에 달걀과 간장 양념을 넣고 잘 푼다.
5 ④에 식힌 조개 육수(300ml)를 부어 섞은 후 체에
   한 번 거른다.
6 ⑤를 달걀찜 그릇에 붓고 포일로 덮는다.
7 찜기에 불을 켜고 끓기 시작하면 약한 불로 줄인 후
   달걀찜 그릇을 올리고 10~15분 정도 찐다.
8 위에 발라둔 조갯살을 올린다.

TIP 육수와 달걀의 비율에 따라 달걀찜의
    질감이 달라져요. 이 레시피는 조개 육수를
    넉넉히 넣어 무척 부드러워요.

Snack

오후 3시쯤 되면 출출해지기 마련이에요. 점심을 가볍게 먹은 날이면 더욱
그렇죠. 허전한 배를 채워줄 메뉴와 간식의 즐거움인 달콤한 메뉴를 소개합니다.

간장의 감칠맛을 더한
옥수수간장버터구이

옥수수와 버터의 조합은 맛이 없을 수 없지요. 여기에 간장을 더하면 감칠맛이
나 손에서 놓을 수 없는 중독의 옥수수구이가 됩니다. Ⓛ

재료
찰옥수수 3개, 버터 30g, 간장 소스(간장 2큰술,
설탕·맛술 1큰술씩)

만들기
1 찰옥수수는 수염만 제거하고 씻은 다음 겉껍질째 김이
   오른 찜통에 넣고 5분간 찐다.
2 달군 팬에 찐 옥수수를 올리고 겉이 노릇해지도록
   센 불에 굽는다.
3 중간 불로 줄이고 버터를 넣어 돌려가며 고르게 굽는다.
4 분량의 간장 소스 재료를 잘 섞는다.
5 옥수수에 간장 소스를 골고루 바르며 굽다가 갈색이
   돌기 시작하면 센 불로 올린다. 소스를 발라가며 10초간
   굽는다.

TIP 마지막에 소스를 듬뿍 발라가며 센 불에
   구워야 갈색으로 코팅되어 보기도 좋고 맛도
   좋아요. 석쇠가 있다면 석쇠에 구워보세요.
   더욱 노릇한 옥수수간장버터구이가 됩니다.

고구마 대신 감자로
감자맛탕

일명 '빠스'라고 불리는 고구마맛탕 아시지요? 고구마 대신 감자로 만들어보았어요.
빠스는 재료를 식용유에 튀기듯 구운 후 설탕으로 코팅한 요리인데, 튀김보다
기름기가 적어 바삭바삭하고 달콤한 맛을 즐길 수 있어요. Ⓙ

재료(4인분)
감자 6~7개, 식용유 5큰술, 설탕 4~5큰술

만들기
1 감자는 깨끗이 씻어 껍질을 벗기지 않고 한 입
   크기로 썬다.
2 팬에 식용유를 넉넉히 두르고 센 불에 달군 뒤
   감자를 올려 바닥이 노릇하게 구워지면 설탕을
   골고루 뿌린다.
3 팬 뚜껑을 덮고 중약불에 15분 정도 굽는다.
   중간중간 팬을 흔들어 감자를 전체적으로 골고루
   익힌다.

TIP 맛탕에 얼음물을 곁들여 내보세요.
     얼음물에 담갔다 건져 먹으면 겉이 살짝
     코팅되면서 달라붙지 않아 먹기 편해요.

이불 속 돼지
피그인더블랭킷

피그인더블랭킷(Pig in the Blanket)은 이름 그대로 '이불
덮은 돼지'라는 뜻이에요. 미국에서 간식으로 즐겨 먹는 미니
소시지빵이지요. 원래는 소시지에 생지를 감아 오븐에 굽지만
식빵을 이용해 간단하게 만들어볼게요. Ⓐ

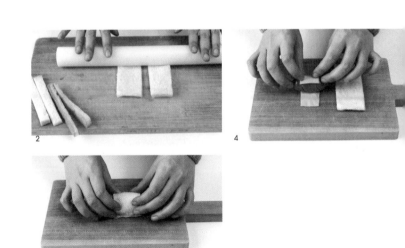

2

4

재료

미니 소시지 14개, 치즈 5장, 식빵 7장, 식용유·올리브오일 약간씩, 홀랜다이즈 소스(달걀노른자 2개, 레몬즙·설탕 1큰술씩, 버터 70g, 홀그레인 머스터드 소스 1작은술, 소금·후춧가루 약간씩)

만들기

1 소시지는 팬에 식용유를 두르고 굽는다.
2 식빵은 테두리를 제거한 후 소시지 길이보다 조금 작은 폭으로 길게 썰어 밀대로 민다.
3 치즈는 식빵보다 조금 작게 자른다.
4 치즈 위에 소시지를 올려 돌돌 만 다음 식빵 위에 올려 다시 돌돌 만다.
5 팬에 올리브오일을 살짝 두르고 ④를 노릇하게 굽는다.
6 볼에 홀랜다이즈 소스 재료 중 달걀노른자와 소금, 후춧가루를 넣고 잘 섞는다.
7 ⑥을 중탕한다. 이때 달걀노른자가 익지 않도록 주의한다.
8 버터는 그릇에 담아 뚜껑을 덮고 전자레인지에 30초 정도 돌려 완전히 녹인 다음 ⑦에 2~3회에 나누어 넣고 계속 저으면서 되직하게 졸인다.
9 ⑧에 설탕과 레몬즙을 넣는다.
10 원하는 농도가 되면 불에서 내리고 홀그레인 머스터드 소스를 넣어 섞는다.

TIP 돌돌 만 식빵은 끝자락이 벌어지기 쉬워요. 팬에 구울 때 먼저 그 부분이 아래쪽으로 가게 해서 구우세요.

6

8

오븐에 구워서
주키니프리터

길쭉하고 진한 초록색의 주키니 호박은 애호박보다 단단해 샐러드나
튀김으로 먹곤 해요. 주키니프리터는 주키니 호박을 채 썰어 오븐에 구운
요리예요. 기름기 없이 담백해서 먹기 좋아요. **J**

재료(4인분)
주키니 호박 1개, 달걀 2개, 밀가루·빵가루 1/4컵씩,
체더 치즈 1컵, 파르메산 치즈 1/2컵+토핑용 적당량,
올리브오일 3~4큰술, 스위트 칠리 소스 적당량

만들기
1 주키니 호박은 채 썬다.
2 볼에 달걀과 밀가루, 빵가루, 체더 치즈, 파르메산
  치즈를 넣고 잘 섞는다.
3 ②에 채 썬 주키니 호박을 넣고 잘 버무린다.
4 오븐 팬에 종이 포일을 깔고 주키니 호박 반죽을 지름
  5~6cm 크기로 만들어 올린다.
5 반죽 위에 올리브오일을 바르고 200℃로 예열한
  오븐에 15~20분간 굽는다.
6 파르메산 치즈를 갈아 주키니프리터 위에 뿌린다.

TIP 기름기가 적어 간식으로 좋고, 스위트 칠리
  소스를 곁들여 맥주 안주로 내도 좋아요.

고구마 맞아요
고구마스틱

고구마를 길쭉하게 썰어 칠리 파우더와 허브를 올려 오븐에 구웠어요.
이국적인 맛이 나는 스낵으로, 만들기도 무척 쉬워요. Ⓐ

재료
고구마 3개, 칠리 파우더 1/2작은술, 소금·후춧가루
약간씩, 올리브오일·허브(로즈메리, 타임 등) 적당량씩,
아이올리 소스(마요네즈 5큰술, 디종 머스터드
소스·다진 마늘 1큰술씩, 레몬즙·꿀 2작은술씩)

만들기
1 고구마는 껍질째 깨끗이 씻어 세로로 길쭉하게 썬다.
2 고구마에 칠리 파우더, 소금, 후춧가루를 뿌린다.
3 ②에 올리브오일을 넉넉하게 뿌린 후 골고루 묻도록
   문지른다.
4 허브를 손으로 뚝뚝 뜯어 고구마에 뿌린다.
5 220℃로 예열한 오븐에 고구마를 20~25분간 굽는다.
6 아이올리 소스 재료를 볼에 넣고 잘 섞는다.
7 구운 고구마를 그릇에 담고 아이올리 소스를
   곁들인다.

TIP 고구마는 길쭉한 모양을 골라 쓰세요.
    밤고구마보다는 호박고구마가 이 레시피와 잘
    어울려요.

치즈와 꿀을 넣은 무화과구이

무화과는 구우면 당도가 높아져요. 무화과에 치즈를 넣어 구우면 간단한
간식이나 후식으로 즐기기 좋은 메뉴가 된답니다. **J**

재료
무화과 8개, 고트 치즈 1/2컵, 꿀 3~4큰술, 피스타치오 약간

만들기
1 무화과는 씻어서 물기를 닦은 후 꼭지를 자르고
  십자로 칼집을 낸다.
2 피스타치오는 도마에 종이 타월을 깔고 칼로
  대강 다진다.
3 오븐 팬에 무화과를 올리고 칼집 사이에 치즈와
  꿀을 뿌린다.
4 200℃로 예열한 오븐에 10~15분 정도 굽는다.
5 그릇에 담은 후 피스타치오를 뿌린다.

TIP 염소젖으로 만드는 고트 치즈는 수분이
    많아 부드럽고 산미가 있어 달콤한
    무화과와 잘 어울려요. 고트 치즈 대신 크림
    치즈나 코티지 치즈를 사용해도 괜찮아요.

찐 감자를 으깨 부친
이모모치

일본어로 감자를 뜻하는 '자가이모(じゃがいも)'의 '이모'와 떡을 뜻하는
'모치(もち)'를 합친 이모모치는 찐 감자를 으깨 부친 요리예요. 우리의 감자전과
비슷하지만 좀 더 도톰하고 쫀득거리는 맛이 있어요. Ⓛ

TIP 크림 치즈 대신 모차렐라 치즈, 명란 등을
    소로 넣어도 맛있어요. 한 번에 여러 개
    만들어 냉동실에 보관해두고 생각날 때마다
    데워 드세요.

재료

감자 3개, 감자 전분·크림 치즈 6큰술씩, 우유 2큰술,
설탕 1큰술, 소금 1/4작은술, 버터·감태 약간씩, 간장
소스(간장 3/4큰술, 청주·맛술 1큰술씩), 식용유 적당량

만들기

1 감자는 쪄서 껍질을 벗기고 으깬다.
2 분량의 재료를 섞어 간장 소스를 만든다.
3 볼에 으깬 감자와 감자 전분, 설탕, 소금, 우유를 넣고
  반죽해 치댄다.
4 감자 반죽을 손바닥만 한 크기로 빚은 다음 가운데에
  크림 치즈를 소처럼 넣고 동글납작하게 만든다.
5 팬에 식용유를 넉넉하게 두르고 ④를 올려 중간 불에
  부친다.
6 노릇하게 익으면 약한 불로 줄이고 버터를 넣어
  녹인다.
7 ⑥에 간장 소스를 붓고 앞뒤로 뒤집어가며 부친다.
8 팬에서 꺼낸 후 위에 감태를 잘게 찢어 올린다.

6

7

남은 식빵도 맛있게
애플시나몬브레드

사과와 계피는 맛의 조화가 훌륭해요. 그래서 애플시나몬티, 애플시나몬파이 등 사과와 계피로 만든 메뉴가 많죠. 남은 식빵에 '애플 필링'을 더해 맛있는 간식을 만들어봤어요. ⓛ

3

4

재료

식빵 3장, 버터·설탕·시나몬 파우더 약간씩, 바닐라
아이스크림 1스쿱, 애플 필링(사과 1개, 황설탕 40g,
물엿·버터 10g씩, 시나몬 파우더 4~6g, 피칸 5개, 감자
전분 5g, 물 50g, 럼 약간)

만들기

1 식빵은 작은 사각 모양으로 9등분한다.
2 사과는 씻어서 껍질을 벗기고 반으로 잘라 얇게
   슬라이스한 후 3등분한다.
3 애플 필링 재료 중 황설탕과 물엿을 냄비에 넣고
   약한 불에 녹인다.
4 ③에 버터를 넣어 녹인 후 시나몬 파우더와 사과를
   넣고 중간 불에 졸인다.
5 ④에 피칸과 럼을 넣고 고루 섞는다. 이때 럼이
   없으면 생략해도 된다.
6 물과 전분을 섞어 넣고 졸여 애플 필링을 완성한다.
7 오븐 팬에 식빵을 올리고 위에 애플 필링을 뿌린 후
   다시 식빵을 올린다.
8 버터를 그릇에 담아 뚜껑을 덮고 전자레인지에
   30초간 돌려 완전히 녹인 후 식빵 위에 바르고
   설탕을 살짝 뿌린다.
9 180℃로 예열한 오븐에 식빵을 넣고 노릇해질
   정도로 10분간 굽는다.
10 시나몬 파우더를 뿌리고 바닐라 아이스크림을 1스쿱
   얹는다.

TIP 애플 필링은 바닐라 아이스크림에 올려 먹거나
빵에 스프레드로 발라 먹어도 맛있어요.

쫀득한 스타일로
브라우니

브라우니는 홈베이킹 초보도 만들기 쉬운 메뉴예요. 그런데 막상 만들어보면
꾸덕꾸덕하고 쫀득한 브라우니가 잘 안 되더라고요. 여러 번 테스트한 끝에
제대로 된 브라우니 레시피를 찾아냈답니다. Ⓐ

1			
2	3		

Q 다크 초콜릿은 어떤 것을 써요?
베이킹에 쓰는 커버처(Coverture) 초콜릿을
사용했어요. 너무 저렴한 것은 준초콜릿일 수 있어요.
벨코라드나 칼리바우트 브랜드를 추천해요.

재료(17×17cm)

다크 초콜릿 200g, 버터 110g, 설탕 100g, 달걀 2개,
박력분 80g, 코코아 가루 15g, 소금 1.5g,
베이킹 파우더 1/4작은술

만들기

1 박력분, 코코아 가루, 베이킹 파우더를 섞어 체로
  친다.
2 달걀은 잘 푼다.
3 다크 초콜릿과 버터는 중탕해 녹인 후 소금, 설탕을
  넣고 잘 섞어 식힌다.
4 ③에 풀어둔 달걀을 2~3회에 나누어 넣고 섞는다.
  이때 달걀이 익지 않도록 주의한다.
5 ①에 ④를 넣고 섞어 반죽한다.
6 오븐 틀에 유산지를 깔고 반죽을 부은 다음
  170℃에서 20분간 굽는다.

4

5

6

TIP 브라우니는 오븐에서 꺼내 식힌 후에
  자르면 깔끔하게 잘려요. 브라우니를 만들어
  하루 지나 먹으면 더 맛있어요.

어렵지 않아요
크렘브륄레

오래전 영화 <아멜리에>를 볼 때도, 최근 영화 <리틀 포레스트>를 볼 때도
크렘브륄레가 먹고 싶었죠. 단단한 설탕을 톡 깨트려 부드러운 크림과 함께 먹는
크렘브륄레(Crème Brûlée)는 프랑스 디저트인데요, 제가 좋아해서 대학 시절부터
친구들에게 만들어주곤 했어요. L

재료
달걀노른자 4개, 생크림 450ml, 설탕 70g+토핑용 약간,
소금 1/2작은술, 바닐라빈 1개(생략 가능)

만들기
1 냄비에 생크림을 넣고 끓이다가 70~80℃로 온도가
  오르면 불을 끈다. 냄비 가장자리에 기포가 생기면서
  중간에 큰 기포가 한두 개 생기는 시점이다.
2 볼에 달걀노른자와 설탕, 바닐라빈을 반으로 잘라
  넣고 거품기로 재빨리 섞는다.
3 ②에 ①을 천천히 부으면서 계속 젓는다.
4 ③을 체에 거른 후 소금을 넣고 섞는다.
5 ④를 오븐 그릇에 담고 오븐 팬에 올린 다음 따뜻한
  물을 붓고 170℃에서 30~40분간 굽는다.
6 ⑤를 냉장고에 넣어 차게 식힌다.
7 식힌 크렘브륄레를 꺼내 설탕을 뿌린 후 토치를
  이용해 살짝 그을린다.

TIP 달걀노른자에 설탕을 넣은 후 바로
     저어주세요. 설탕을 넣은 채로 그냥 두면
     작은 결정이 생겨요.

노 오븐 디저트
바나나푸딩

부드럽고 달달한 바나나푸딩은 누구나 쉽게 만들 수 있는 노 오븐 디저트예요.
작은 컵에 담아 만들면 파티 디저트로 좋아요. Ⓛ

재료

바나나 2송이, 우유 200ml, 달걀노른자 3개, 설탕 100g,
밀가루 30g, 버터 20g, 바닐라빈 1개, 소금 1/4작은술,
생크림 1컵, 비스킷 5개, 솔티드 캐러멜 소스(설탕·생크림
4큰술씩, 물엿 2g, 버터 5g, 소금 약간)

만들기

1 비스킷은 지퍼백에 담아 잘게 부순다.
2 바닐라빈은 반으로 자른다.
3 냄비에 우유, 버터, 밀가루, 달걀노른자, 설탕,
   바닐라빈, 소금을 넣고 중간 불에서 거품기로
   저어가며 섞어 바닐라 크림을 만든다.
4 ③을 냉장고에 30분 정도 넣어 차게 식힌다.
5 솔티드 캐러멜 소스 재료 중 설탕과 물엿을 팬에 넣은
   후 젓지 않고 약한 불에서 천천히 녹인다.
6 설탕이 완전히 녹으면 불에서 내리고 버터를 넣는다.
7 생크림을 그릇에 담아 뚜껑을 덮고 전자레인지에
   30초 정도 돌려 미지근하게 데운 후 ⑥에 넣고 약한
   불에서 서서히 졸인다. 걸쭉해지면 불에서 내리고
   소금을 넣어 솔티드 캐러멜 소스를 완성한다.
8 ④의 바닐라 크림이 차게 식었을 때쯤 생크림을
   휘핑한다.
9 바닐라 크림, 생크림, 바나나를 섞어 푸딩을 만든다.
10 컵에 ①의 비스킷, ⑨의 푸딩, ⑦의 솔티드 캐러멜
   소스 순으로 담는다.

TIP 바닐라 크림을 만들 때 밀가루와 달걀노른자가
   익어 덩어리가 질 수 있으니 거품기로 골고루
   바닥까지 저어주세요.

담백하면서 달달한
연두부푸딩

연두부의 부드러운 식감을 살린 담백한 푸딩에 달달한 흑설탕 시럽과 고소한
콩가루를 뿌려 먹는 디저트예요. 두부로 만들어 어른들도 좋아하세요. Ⓛ

재료

연두부 250g, 우유 1과1/2컵, 한천 가루 3g,
설탕 3큰술, 블루베리 5~6알, 볶은 콩가루 적당량,
흑설탕 시럽(흑설탕·물 50ml씩, 물엿 1작은술)

만들기

1 연두부와 우유 1컵을 믹서에 넣고 곱게 간다.

2 ①을 냄비에 담고 40~45℃의 중약불에 따뜻하게
  데운다.

3 다른 냄비에 한천 가루와 우유 1/2컵을 넣고 중약불에
  끓이다가 한천 가루가 녹으면 설탕을 넣어 녹인다.

4 ②와 ③을 섞은 후 작은 컵이나 병에 옮겨 담고
  냉장고에 넣어 굳힌다.

5 분량의 흑설탕 시럽 재료를 냄비에 넣고 끓이다가
  한소끔 끓어오르면 약한 불로 줄인 다음 걸쭉해지기
  시작하면 불에서 내려 냉장고에 넣어 차게 식힌다.

6 ④의 연두부푸딩에 흑설탕 시럽과 볶은 콩가루,
  블루베리를 올린다.

TIP 푸딩은 병에 담아 굳혀 그대로 내거나
    사각 틀에 부어 굳힌 후 잘라서 내보세요.

4

5

냉동실 가래떡 살리기
떡강정

설 연휴가 지나면 냉동실 한구석에 자리 잡는 것이 있지요. 바로
가래떡인데요, 어쩌다 보면 1년 동안 그대로 있기도 해요. 그 가래떡을
활용한 떡강정 레시피예요. 콩고물·간장 소스·고추장 소스 떡강정, 이렇게
세 가지를 만들어봤어요. Ⓛ

재료

가래떡 9줄, 식용유 적당량, 콩고물(볶은 콩가루 3큰술,
설탕 1큰술), 간장 소스(간장·설탕·청주 1/2큰술씩, 다진
마늘 2작은술, 물엿 1큰술), 고추장 소스(고추장 1/2큰술,
토마토케첩·물엿 1큰술씩, 설탕·다진 마늘 2작은술씩,
간장 1작은술, 맛술 2큰술)

만들기

1 가래떡은 약 5cm 길이로 썬 후 길게 4등분한다.
2 각 분량의 재료를 넣고 잘 섞어 콩고물, 간장 소스,
　고추장 소스를 만든다.
3 팬 위에 식용유를 넉넉히 두르고 가래떡을 올려
　겉면이 노릇해질 때까지 튀기듯 굽는다.
4 구운 가래떡 일부를 콩고물에 묻힌다.
5 간장 소스를 팬에 붓고 가열해 끓어오르면 가래떡
　일부를 넣어 버무린다.
6 고추장 소스를 팬에 붓고 가열해 끓어오르면 가래떡
　일부를 넣어 버무린다.

TIP 가래떡을 튀김기에 넣으면 떡이 튀어 오를 수
　　있어 위험해요. 그래서 팬에 식용유를 넉넉히
　　두르고 튀기듯이 구웠어요.

Tea &

Beverage

3층으로
레이어드레모네이드

시럽으로 예쁘게 층을 내는 레이어드 드링크, 요즘
카페에서 많이 볼 수 있지요. 밀도와 당도가 다른 액체의
특징을 이용해 층을 내는데, 도수가 높을수록 아래로
가라앉아요. 레몬 시럽을 맨 아래에 깔고 그 위에 크랜베리
주스를, 그리고 마지막에 탄산수를 넣어보세요. Ⓐ

재료
레몬 시럽(물 1/2컵, 레몬 3개, 설탕 1과1/2컵)·
탄산수·크랜베리 주스 적당량씩, 굵은소금·민트 약간씩

만들기
1 레몬은 굵은소금으로 문질러 씻은 후 끓는 물에 살짝
　넣었다가 꺼낸다.
2 레몬 껍질은 필러로 노란 부분만 벗겨내고, 과육 부분은
　반으로 잘라 즙을 낸다.
3 냄비에 레몬즙과 레몬 껍질, 물, 설탕을 넣고 약한 불에
　설탕이 녹을 때까지 젓지 않고 끓인다.
4 끓기 시작하면 불을 줄인 후 10분 정도 졸여 레몬
　시럽을 만든다.
5 레몬 시럽을 체에 거른 후 냉장고에 넣어 차게 식힌다.
6 유리컵에 레몬 시럽, 크랜베리 주스, 탄산수를 차례대로
　따른다.
7 민트 같은 장식용 허브나 식용 꽃 등을 올린다.

TIP 시럽과 주스는 밀도가 크게 차이 나 잘 섞이지 않지만
　　탄산수는 쉽게 섞여요. 탄산수를 넣을 때 콸콸 따르지
　　말고 숟가락을 이용해 조금씩 유리컵 가장자리로
　　흘려보내야 층이 무너지지 않아요.

Q 레몬 시럽은 주로 어디에 사용하나요?
레몬 시럽은 탄산수와 섞으면 레모네이드가, 냉침한
홍차와 섞으면 레몬아이스티가 됩니다. 토마토 위에
살짝 뿌려 먹는 등 다양한 요리에도 활용할 수 있어요.

원하는 만큼 듬뿍
생딸기우유

딸기 철이 되면 카페에서 인기를 끄는 생딸기우유.
딸기가 듬뿍 들어 있어 많은 사람이 좋아하지요.
의외로 만들기 쉽고, 예쁜 유리병에 담아 휴대하기도
간편하답니다. Ⓐ

재료
생딸기 400g, 우유 4컵, 설탕 130g

만들기
1 딸기는 깨끗이 씻어 꼭지를 제거한다. 딸기 8개는
   토핑용으로 손톱 크기만 하게 썬다.
2 볼에 나머지 딸기와 설탕을 담고 딸기를 으깨며
   섞은 후 15분 정도 그대로 둔다.
3 유리병이나 컵에 ②를 담는다.
4 ③에 우유를 붓고 작게 썬 딸기를 넣는다.
5 먹기 직전에 잘 흔들거나 젓는다.

TIP 우유 대신 탄산수를 넣으면 딸기에이드가 돼요.
   우유도 맛있지만 에이드로 먹으면 딸기의
   상큼함이 도드라져요.

유명 카페의 그 메뉴
보틀밀크티

경기도의 어느 카페에서 선보인 유리병 밀크 티가
한때 큰 인기를 끌었어요. 본래 밀크 티는 따뜻하게
마시는데, 유행 덕분에 차게 먹는 밀크 티에
익숙해졌지요. 홍차를 별로 좋아하지 않는 사람이라도
냉침 홍차로 만든 밀크 티는 부담 없이 즐길 수
있어요. (A)

재료
홍차 잎 15g, 물 1컵, 우유 3과1/2컵, 설탕 3큰술

만들기
1 냄비에 물을 넣고 끓인다. 물이 끓으면 홍차 잎을
　넣고 불을 끈 후 5분간 우린다.
2 유리병에 홍차와 홍차 잎을 옮겨 담고 우유를
　붓는다.
3 ②에 설탕을 넣는다. 이때 설탕의 양은 취향에
　따라 가감한다.
4 냉장고에 8시간 이상 넣어 냉침한다.
5 거름망에 부어 찻잎을 거른다.

TIP 맛있는 밀크 티를 만들려면 좋은 홍차 잎을
　　사용하세요. 중국 기문이나 운남 등지의 홍차는
　　가향을 하지 않아 무난하고 깔끔해요.

Q 티백 홍차를 사용해도 되나요?
티백 1개가 2g 정도이니 7~8개 정도 쓰면 돼요.
티백은 2~3분 정도 우려 쓰세요.

크리스마스에 마셔요
에그노그

에그노그(Eggnog)는 북미 지역에서 크리스마스에
마시는 음료예요. 몇몇 유럽 국가에서 먹던
'달걀술'에서 유래했는데, 미국과 캐나다로 넘어가면서
레시피가 변형되어 유명해졌지요. Ⓐ

재료

달걀 4개, 우유 2컵, 생크림 1컵, 설탕 1/3컵+2큰술,
바닐라 익스트랙 1/2작은술, 넛멕 약간

만들기

1 냄비에 우유와 생크림을 넣어 섞고 약한 불에
　따뜻하게 데운다.
2 달걀은 노른자와 흰자를 분리한다.
3 볼에 달걀노른자와 설탕 1/3컵을 넣고 잘 섞는다.
4 ③에 ①을 조금씩 부어가며 섞는다. 한 번에 부으면
　달걀노른자가 익을 수 있으니 5~6회에 나눠 붓되,
　처음에는 아주 소량을 붓는다.
5 ④를 냄비에 담아 약간 걸쭉해질 때까지 저어가며
　약한 불에 끓인다.
6 달걀흰자에 설탕 2큰술을 섞어 머랭을 친다. 이때
　머랭은 단단하게 치는 것이 아니라 휘퍼가 지나간
　자리가 보일 정도로 친다.
7 ⑤와 ⑥을 잘 섞어 잔에 따른 다음 바닐라
　익스트랙을 넣고 넛멕을 뿌린다.

TIP 크리스마스 음료라고 하면 왠지 따뜻하게 마실
　　것 같은데, 이 음료는 냉장 보관했다가 시원하게
　　마시기도 해요.

겨울이 오면
애플사이다

'사이다'라고 하면 흔히 탄산이 들어간 음료를
떠올리는데요, 애플사이다는 탄산이 들어간 음료가
아니에요. 탄산이 들어간 사과 발효주를 말하기도
하지만, 보통은 사과와 여러 가지 향신료를 넣어 푹
끓인 음료를 말해요. 향신료의 향이 그윽해 겨울에
마시면 몸이 따뜻해져요. Ⓐ

재료
사과·시나몬 스틱 2개씩, 오렌지 1/2개, 물 2L, 정향
5~6개, 생강 2톨, 설탕 2큰술, 꿀 적당량, 굵은소금 약간

만들기
1 오렌지는 굵은소금으로 씻어서 끓는 물에 살짝
  데친다.
2 사과는 껍질째 깨끗이 씻어서 조각낸다.
3 오렌지는 슬라이스하고, 생강은 편으로 썬다.
4 냄비에 꿀을 제외한 모든 재료를 담고 과육이 무를
  정도로 2~3시간 푹 끓인다.
5 ④를 체에 밭쳐 과육을 으깨듯이 짜며 거른다.
6 기호에 따라 꿀을 넣는다.

TIP 재료를 2시간 넘게 끓이다 보면 수분이 많이
    날아가므로 뚜껑을 덮고 약한 불로 끓이세요. 물의
    양이 줄어들면 중간중간 물을 보충 해주세요.

초콜릿을 아낌없이
리얼핫초콜릿

시중에 인스턴트 핫 초콜릿 제품이 많이 나와 있지만
그래도 초콜릿을 따뜻한 우유에 녹여 먹는 맛을
따라갈 순 없죠. Ⓐ

재료

우유 3컵, 생크림 1컵, 설탕 2작은술, 다크 초콜릿
커버처 120g, 밀크 초콜릿 커버처 50g+토핑용 약간

만들기

1 팬에 우유, 생크림, 설탕을 넣고 끓지 않을 정도인
  70~80℃의 온도로 데운다.
2 팬을 불에서 내린 후 초콜릿을 넣고 덩어리가 없어질
  때까지 젓는다.
3 ②를 다시 불에 올려 저으면서 초콜릿이 완전히 녹아
  작은 초콜릿 입자가 없어질 때까지 데운다.
4 토핑용 초콜릿을 칼로 잘게 다져 올린다.

TIP 초콜릿 커버처는 카카오버터 함량이 높은 고급
  초콜릿을 말해요. 팜오일, 코코넛오일 등의 식물성
  오일과 가공유지가 들어 있지 않아 맛이 진해요.

Q 초콜릿 커버처는 어디서 파나요?
베이킹 재료 전문점에서 판매하며, 온라인 몰에서도
구입할 수 있어요. 벨코라드나 칼리바우트 브랜드를
추천합니다.

진짜 사과가 들어가는
사과티라테

우유에 홍차 잎을 넣어 끓이는 밀크 티는 다양한
버전으로 응용할 수 있어요. 홍차는 과일과도 잘
어울려서 사과를 잘게 썰어 넣은 사과티라테를
만들어봤어요. Ⓐ

재료
사과 1개, 홍차 잎 10g, 물 1과1/2컵, 우유 2컵,
시나몬 스틱 1개, 설탕 1과1/2큰술

만들기
1 사과는 씻어서 장식으로 쓸 슬라이스 조각 2개
　 정도만 남기고 나머지는 잘게 썬다.
2 홍차 잎은 건져내기 쉽도록 면보에 싸거나
　 다시백에 넣는다.
3 냄비에 물을 붓고 사과와 홍차 잎, 시나몬 스틱을
　 넣어 5분간 끓인다. 냄비 가장자리가 살짝
　 보글보글할 정도로 약하게 불을 조절한다.
4 ③에 우유를 넣고 냄비 가장자리가 조금 끓어오를
　 때까지 데운다.
5 홍차 잎과 시나몬 스틱을 건져낸 후 설탕을 넣고
　 젓는다.

TIP 사과 과육은 이미 우러나 별맛이 없기 때문에
　　 체로 걸러내고 마셔도 됩니다. 우유 거품을 내어
　　 숟가락으로 떠 올려주면 더 예뻐요.

대만에서 미국까지
시솔트커피

대만의 한 프랜차이즈 카페 메뉴인 시솔트커피는
대만으로 여행 가는 사람은 다 먹어본다고 할
정도로 유명하죠. 이 프랜차이즈 카페가 미국에까지
진출해 인기를 끌고 있다고 해요. 시 솔트 크림만
만들면 되니 어렵지 않아요. '단짠'의 조합이 맛의
포인트예요. (A)

재료
에스프레소 4샷, 물 1컵, 생크림 1/2컵, 설탕 3큰술,
소금 1/4작은술, 얼음 적당량

만들기
1 에스프레소를 뽑아 설탕과 물을 섞은 후 냉장고에
  넣어 차게 식힌다.
2 생크림을 핸드믹서나 거품기로 가볍게 휘핑한 후
  소금을 넣는다.
3 유리잔에 얼음과 커피를 넣고 위에 크림을 올린다.

TIP 생크림은 가볍게 휘핑하세요. 크림은 단단하게 만들어
    올리는 것이 아니라 물과 섞이지 않고 겨우 떠 있을
    정도여야 커피를 마실 때 한 입에 커피와 크림이 함께
    들어온답니다.

달콤 쌉싸래한
말차라테

말차는 진녹색 빛깔이 예뻐서 이를 이용한 음료나
디저트가 유행이에요. 기피와 믹스해 달콤하면서
쌉싸래한 말차라테 레시피예요. (A)

재료
말차 가루 2작은술, 따뜻한 물 1/2컵, 우유 1컵,
에스프레소 2샷, 설탕 3큰술, 얼음 적당량

만들기
1 말차 가루를 따뜻한 물에 잘 푼 뒤 설탕을 넣고
  저어서 녹인다.
2 유리컵에 ①을 붓고 얼음을 넣는다.
3 우유를 유리컵의 3분의 2 지점까지 붓되, 섞이지
  않도록 살며시 붓는다.
4 에스프레소를 뽑아 ③에 살짝 붓는다.

TIP 소산원은 대표적인 말차 생산 회사예요. 등급별로
    다양한 말차를 판매해 골라쓸 수 있는데, 디저트용은
    저렴한 제품을 사용해도 돼요.

서걱서걱 청량한 맛
딸기셔벗에이드

크림 없이 과즙과 물, 설탕이 들어간 청량감 있는
셔벗을 탄산수에 넣은 음료예요. 아이스크림보다
가벼우면서 딸기와 바질이 들어가 상큼해요. Ⓛ

재료
딸기 500g, 바질 3줄기, 라임 1/2개, 설탕 2큰술,
물 1/2컵, 탄산수 1컵

만들기
1 딸기는 씻어서 꼭지를 떼고 반으로 자른다.
2 바질은 씻어서 잎을 떼어낸다.
3 라임은 깨끗하게 씻은 뒤 반으로 잘라 즙을 낸다.
4 볼에 딸기와 설탕, 물을 넣고 핸드블렌더로 곱게
  간다.
5 ④를 체에 거른 다음 바질과 라임즙을 넣고
  핸드블렌더로 곱게 간다.
6 ⑤를 틀에 부어 냉동실에 넣고 1시간마다 꺼내
  포크로 살살 긁는다. 이 과정을 4~5회 정도 반복한다.
7 탄산수를 유리컵에 붓고 셔벗을 1스쿱 넣는다.

TIP 딸기를 갈 때 물은 최소한만 넣어야 진한 맛의 셔벗을
    만들 수 있어요. 셔벗을 포크로 살살 긁어주면 입에
    넣자마자 사르르 녹는 질감의 셔벗이 돼요.

Index

메이스매거진 히트 레시피

그저 그런 날에, 특별한 식탁

초판 1쇄 발행 2018년 12월 5일
초판 3쇄 발행 2019년 3월 5일

지은이	주현진, 안주희, 이지원
레시피 감수	메이

펴낸곳	브.레드
책임 편집	이나래
교정·교열	박미경
사진	CL Studio 정영주
디자인	반하나 프로젝트	노희영, 정유나
마케팅	이지원
인쇄	삼화인쇄

출판신고 2017년 6월 8일 제2017-000113호
주소 서울시 서초구 서초중앙로29길 28
전화 02-6242-9516 팩스 02-6280-9517 문의 breadbook.info@gmail.com

ⓒ 주현진, 안주희, 이지원, 2018

ISBN 979-11-964041-1-6 13590

이 도서의 국립중앙도서관 출판 도서목록(CIP)은 서지정보유통지원시스템(seoji.nl.go.kr)과
국가자료 종합 목록시스템(www.nl.go.kr/kolisnet)에서 확인하실 수 있습니다(CIP 제어번호 : CIP2018037970).

b.read 브.레드는 라이프스타일 출판사입니다. 생활, 미식, 공간, 환경, 여가 등
개인의 일상을 살피고 삶을 풍요롭게 하는 이야기를 담습니다.